人不能改变环境 但可以改变思路

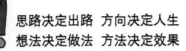

思路决定出路　方向决定人生
想法决定做法　方法决定效果

人 不 能 改 变 环 境 ， 但 可 以 改 变 思 路

思路决定出路

翟文明 编著

光明日报出版社

图书在版编目（CIP）数据

思路决定出路 / 翟文明编著 . -- 北京：光明日报出版社，2011.6（2025.1 重印）

ISBN 978-7-5112-1140-8

Ⅰ . ①思… Ⅱ . ①翟… Ⅲ . ①思维方法—通俗读物 Ⅳ . ① B804-49

中国国家版本馆 CIP 数据核字 (2011) 第 066301 号

思路决定出路

SILU JUEDING CHULU

编　　著：翟文明

责任编辑：温　梦　　　　　　　　　　责任校对：映　熙

封面设计：玥婷设计　　　　　　　　　封面印制：曹　净

出版发行：光明日报出版社

地　　址：北京市西城区永安路 106 号，100050

电　　话：010-63169890（咨询），010-63131930（邮购）

传　　真：010-63131930

网　　址：http://book.gmw.cn

E－mail：gmrbcbs@gmw.cn

法律顾问：北京市兰台律师事务所龚柳方律师

印　　刷：三河市嵩川印刷有限公司

装　　订：三河市嵩川印刷有限公司

本书如有破损、缺页、装订错误，请与本社联系调换，电话：010-63131930

开　　本：170mm×240mm

字　　数：210 千字　　　　　　　　　印　　张：15

版　　次：2011 年 6 月第 1 版　　　　印　　次：2025 年 1 月第 4 次印刷

书　　号：ISBN 978-7-5112-1140-8

定　　价：49.80 元

前 言

没有人甘愿碌碌无为地终其一生，谁都向往成功，渴望有所作为。然而，成功者总是少数。为什么呢？原因很简单，大多数人都有着同样的思维方式，做着同样的事，因此只能取得和大多数人一样的成就。

在竞争日益激烈的今天，错综复杂的问题层出不穷，给我们的事业、工作、学习和生活带来了压力和障碍，使我们的人生变得难以把握。要迅速有效地解决问题，必须具备良好的心态和正确的思路。有思路才有出路，有思路才有发展。

人生是一个不断变化和选择的过程，思路不同，看待世界的视角就不同，对待生活的心态也不同，解决问题的方法更不同。优秀者与平庸者的根本区别就在于是否具备成功的思路。

生活工作没有思路不行，组织管理没有思路不行，企业经营没有思路不行……在逆境和困境中，有思路就有出路；在顺境和坦途中，有思路才有更大的发展。思路决定出路，有什么样的思路，就会有什么样的出路。对于普通人，思路决定自己一个人和一家人的出路；对于领导者，思路则决定一个组织、一个地方，乃至一个国家的出路。只有拥有明确的思路，才能做出正确的事情。

　　本书分为上下两篇，从寻找思路和寻找出路两个角度，对大至企业经营、商务营销、人生定位、思维模式、人际交往、做人做事，小至个人职业、事业、婚姻等社会活动和个人生活的方方面面进行了重点剖析，案例丰富、视角新颖、观点精辟。本书力图为广大读者搭建一个解放观念、引爆思维的平台，帮助读者找到成功的思路、塑造成功的心态、掌握成功的方法，在现实中突破思维定式，克服心理与思想障碍，确立良好的解决问题的思路，提高处理、解决问题的能力，把握机遇，能为人之不能为，敢为人之不敢为，从而开启成功的人生之门。

目 录

CONTENTS

上篇：破除盲点，为大脑寻找思路

第一章　歪打正着！好思路

第一节　维纳斯和巴尔扎克的雕像：错误的方式可能是最好的方式　2

第二节　6便士一本书：坏构想缔造了大品牌　4

第三节　柯达：无意义战胜了有意义　7

第四节　泥巴怀旧：与众不同才有价值　9

第五节　该遮哪里：错误的选择，正确的结果　11

第六节　洛杉矶奥运会和尤伯罗斯：错误的决定，正确的方向　13

第二章　好思路未必是正常和理性

第一节　他什么都没做错　15

第二节　怎么变得瞻前顾后了　17

第三节　有些担心，让人怯懦　　　　　　　　　　　20

第四节　理性输给了不理性　　　　　　　　　　　　23

第五节　保持合理仅仅是合理而已　　　　　　　　　25

第六节　我们失去了想象力　　　　　　　　　　　　27

第七节　为什么停滞不前了　　　　　　　　　　　　29

第八节　谁捆住了我的手脚　　　　　　　　　　　　32

第九节　忧郁症　　　　　　　　　　　　　　　　　35

第三章　这些思路你有吗

第一节　梦想能不能实现全在于选择　　　　　　　　40

第二节　危险的人生有时是最安全的　　　　　　　　43

第三节　不冒险的人只能感受别人的精彩　　　　　　45

第四节　可以后悔做过的事，不能后悔没做过的事　　48

第五节　保持与众不同的希望　　　　　　　　　　　51

第六节　尽管去做，边做边调整　　　　　　　　　　54

第七节　目标和野心决定人生的高度　　　　　　　　57

第八节　别人的批评会让你好好想一想　　　　　　　60

第九节　不怕做不到，就怕想不到　　　　　　　　　63

第十节　机遇不是等待，而是寻找和创造　　　　　　65

第十一节　要想让别人喜欢你，就先去喜欢别人　　　68

第十二节　倾听，足够引起别人的兴趣　　　　　　　71

第十三节　别人对你的评价和你如何呈现自己有关　　74

第十四节　勇敢地承担责任　　　　　　　　　　　　77

第四章　有方法才会有思路

第一节　正面思考：将注意力从坏事转向好事　　　　80

第二节　换位思考：站在别人的立场想一想　　　　83

第三节　逆向思维：有时会创造奇迹　　　　85

第四节　发散思维：从一点向多方想开去　　　　89

第五节　迂回思维：另辟蹊径，转而进取　　　　93

第六节　转换思维：不为事物的差别所困　　　　97

下篇：颠倒思考，为人生寻找出路

第五章　自我肯定

第一节　绝不否定自我　　　　102

第二节　不克制，不压抑　　　　105

第三节　站得高一点　　　　108

第四节　长得丑不是问题　　　　111

第六章　上学与工作；辞职或被炒鱿鱼

第一节　上哪所大学不重要　　　　114

第二节　不上大学也无所谓　　　　117

第三节　早点工作是好想法　　　　121

第四节　让别人看见你　　　　123

第五节　到最顶尖的公司工作　　　　126

第六节　帮别人泡茶　　　　129

第七节　没有什么不能忍的　　　　132

第八节　辞职吧　　　　135

第九节　被炒鱿鱼是件好事　　　　138

第十节　创业　　141

第七章　你的观点是对还是错

第一节　说出你的真实想法　　144

第二节　护卫自己的独特观点　　147

第三节　大胆追求与众不同　　150

第四节　好点子还是坏点子　　153

第五节　没天赋的人也能成功　　156

第六节　不要太自作聪明　　159

第八章　时间和财富

第一节　青春不会被浪费　　163

第二节　忙是好事，说明你有事可做　　166

第三节　慢工出细活　　169

第四节　赶时间　　171

第五节　在等待中弄明白自己想要什么　　174

第六节　不必为打翻的牛奶哭泣　　176

第七节　我为什么不是富翁　　179

第八节　慢慢享受挣钱的乐趣　　182

第九章　爱情、婚姻和家庭

第一节　她不爱我吗　　185

第二节　他变心了　　188

第三节　善意的欺骗　　190

第四节　她可真能唠叨　　193

第五节　他真懒 196

第六节　没有激情了 198

第七节　孩子一点儿也不听话 200

第十章　失败也能收获成功

第一节　被拒绝时根本不用难过 204

第二节　失败有何罪 207

第三节　苦难是个好东西 210

第十一章　我是快乐的，我是幸福的

第一节　麻烦事多，快乐也多 213

第二节　天将降大任于斯人也 216

第三节　幸福不是别人给的 219

第四节　落入了人生的低谷 221

第五节　快乐是在给予中产生的 224

上 篇

破除盲点，
为大脑寻找思路

歪打正着！好思路

· ·

第一节　维纳斯和巴尔扎克的雕像：
错误的方式可能是最好的方式

在人们的观念中，至少有这么一些词语体现了美的含义：完整、积极、和平、对称、协调……那么，它们的反面是不是就一定不美？

写出你眼中美的东西（或不美的东西）

_____

_____

《米洛斯的阿芙洛蒂忒》（《断臂的维纳斯》）由亚力山德罗斯创作于公元前 150 年左右，现藏于巴黎卢浮宫，是卢浮宫的三大镇馆之宝。

当维纳斯塑像在 1820 年被一位农民发现的时候，她的双臂已经被折断，但是这丝毫不影响她被世人公认为迄今为止希腊女性雕像中最美的一尊。这位衣衫即将脱落到地上的女神，躯体和肌肤显得轻盈美丽，身体看上去微微有些倾斜，正是这种处理手法为雕像增加了优雅的曲线美和动感美。

人们似乎永远是追求完美的。为了弥补维纳斯塑像断臂的遗憾，艺术家们不止一次试图让其完美无缺。他们续接的手臂或举或抬，或屈或展，或空或实，但是这许多方案均不理想，就好像女神并不喜欢这些手臂一样。最后，他们只得放弃了，保留了维纳斯的残缺……

后来人们发现，也许只有断了手臂的维纳斯塑像才是最美的。

与此有异曲同工之妙的，就是粗糙不堪，有些丑陋的巴尔扎克塑像，人们很难相信这是法国大雕塑家罗丹的作品：人物的全身都被裹在宽大的睡袍之中；他的头颅硕大、头发散乱，看起来有些慌乱；他的头侧扭着，似乎还喘着粗气。

当法国作家协会委托罗丹创作巴尔扎克像时，他们也没有想到这位雕塑家会创作出这样一件"糟糕"的作品来。罗丹狂放而不负责任的态度让他们感到愤怒。虽然这座塑像耗费了罗丹 7 年的心血，但是人们绝不允许这座有损巴尔扎克形象的塑像出现在巴黎任何一个地方。直到 1939 年，人们才为这座"毫无艺术价值"的塑像完成了它的落成典礼。

■世界上从不缺少美，缺少的是发现美的眼睛。

人们并没有认识到，罗丹在塑造这座塑像时已经开创了一个全新的时代。事实上，它标志着罗丹的创作巅峰。罗丹在表现伟大的巴尔扎克时，像往常一样，并不斤斤计较于细节的精雕细琢。他反复探索的目的只有一个，即展示这位天才的精神气质。他对这位作家的生平和思想进行详细的研究后，选择了极其简单的构图，即披裹着睡袍的巴尔扎克昂首凝思的瞬间进行创作，生动而有力地体现了他在夜晚沉迷于创作的情景。德国大诗人里尔克准确地捕捉到了这一点，他说这座雕像传达出了巴尔扎克创作时的"骄傲、自大、狂喜和陶醉"。

一般的艺术家一定会想方设法使巴尔扎克的形象以一种近乎完美的形体展现出来，但罗丹并没有这么做。他成功地以形体的丑体现了精神的美。

摄影家在摄影的时候，总是想方设使植物能够呈献出完美的状态。如果要拍摄植物，他们通常会选择生命力最旺盛的植物，找到最合适的拍摄角度，并且考虑在晴天里进行拍摄。的确，这样拍出来的东西会很美，但是问题在于，这种"美"的东西太多了，无法给人留下深刻印象。于是，很多摄影家开始追求一种能够表现"力量"、能够震撼人心的东西。他们选择拍摄衰败的落叶，或者其他残破的东西，并且尽量使它变得不完美……

例如，早在 20 世纪 20 年代，摄影家卡尔·布洛斯菲特就常常拍摄一些看上去并不完美的植物，依靠这种方式，他成功地吸引了观众的注意力，他的作品也深深地印在了观众的脑海中。

很多看起来并不美的方式，却取得了让我们惊讶的美的效果，甚至比以美的方式取得的效果更大、更能打动人。西方有位哲人说：美并不属于上帝，只存在于人的心中。事实上，美的含义并不确定，任何东西都不是轻易就能以简单的美的概念来判定的。这跟我们固有的想法可能有些冲突。那么唯一的办法是，去掉你原来的想法，换一种方式去发现美，或者创造美。

【思路转换】

以一种不美的方式来展现美，这是人们迄今为止发现的一种最好的表现美的形式。

第二节　6 便士一本书：
坏构想缔造了大品牌

1935 年以前的英国出版商，从未做过将一本书定价为 6 便士这样让人觉得不可思议的事情。他们考虑的主要是怎样把读者口袋里的钱放进自己的口袋。他们总是尽量把书做得更加精美，从而可以定更高的价。

这样做本身并没有错：印在铜版纸上的字的确看起来比较舒服，大篇幅的图片也更加吸引人，大块的空白使读者省去了许多时间，更加重要的是，英国的读者都是贵族——他们有的是钱，而精装书更能够帮助他们展现自己的与众不同。因此，这些书商能够用精装书赚到不少钱。

艾伦·雷恩当然也想使自己的钱包鼓起来，不过，他的做法跟一般的出版商不同。当他开创了企鹅出版社，准备出版以前从来没有出现过的平装书的时候，人们普遍认为这不是一个好想法。书商向他提出质疑："既然连定价 7 先令都只能赚一点钱，定价 6 便士怎么能赚到钱？"而作者也担心自己赚不到版税。只有伍尔沃斯公司答应与雷恩合作，这是因为他们店里只卖价格在 6 便士以下的商品。

企鹅丛书一经出版后，立即获得了读者的一致好评，人们争相阅读。事实上，也正是出版平装书籍让企鹅公司在日后成了一个大品牌，雷恩自己也成为英国出版史上一位赫赫有名的人物。

沃尔玛公司现在已经成为美国最大的私人雇主和世界上最大的连锁零售商。不过，当山姆·沃尔顿先生于 1962 年在阿肯色州成立沃尔玛公司的时候，像所有在初创期的企业一样处境尴尬。

那时候它的竞争对手是强大的西斯、凯玛特等零售业巨无霸。大多数经营者在当时的情况下，都会考虑如何在那些大中城市中与这些竞争对手一决高下，争个鱼死网破。但是沃尔顿先生和他的伙伴却没有这样做。虽然他们的最终目的是要打败竞争对手，但是却选择了一个跟这个目标一点都不匹配、看上去是比较坏的构想：暂时放弃大中城市的市场，把目标瞄准那些似乎没有什么潜力的小城镇。

■打破常规有时能帮助你找到出路。

沃尔玛对这个构想具体的实施策略是：自己的业务由一个县的小城镇开始，到一个州，再到一个地区，最后扩展到全国的小城镇。那些零售业主几乎不屑于和沃尔玛争夺这些小市场，或者以为这样做没有任何好处，总之，这使得沃尔玛充分地利用了小城镇这个市场，并迅速发展，终于在全美零售业中站稳了脚跟。最后，它适时地进入大中城市，与那些零售业巨头进行竞争。

当别的零售业主正在为如何提高价格以获得更加丰厚的利润时，为了保证公司的高速发展，沃尔玛实施了现在看来十分明智，但是在当时却并不为人们所理解的经营方法——折价销售。沃尔玛提倡低成本、低费用、低价格的经营思想，主张把更多的利益让给消费者，它的口号就是"为顾客节省每一分钱"。每家沃尔玛连锁店或超市的门口都贴有"天天廉价"的标语，他们向顾客承诺，同一种商品在沃尔玛将会更加便宜。公司每星期六早上举行经理人员会议，认真听取顾客的意见。如果有人报告某商品在其他商店比沃尔玛低，沃尔玛立即决定降价。如今，我们可以看到，这个策略已经成为沃尔玛成功的重要因素和重要特色。

沃尔玛公司发展略表

时间	销售额（美元）	利润（美元）	连锁店和超市数（家）
1960	140 万	11.2 万	9
1980	12 亿	4100 万	276
2006	超 3000 亿	超 100 亿	6723

在面临选择、寻找出路的时候，尤其是在商业活动中，似乎很多人都热衷于提出一个几乎完美的构想，而这样的构想多半是符合常理的、可以想象的。但是奇怪的是，往往是那些不按照常规出牌、似乎没有章法的坏构想引导人们走向了成功。

我们很难把握究竟什么样的构想对自己更加合适：6 便士的书比 7 先令的书更加赚钱，折价销售却能赚取更多的利润……不寻常的构想也让我们收获颇多。不过有一点是可以肯定的，那就是在你寻找出路的时候，并不是只有一个办法，你必须能够想到各种可能的思路，供自己从中选择。

【思路转换】

有时候，你最好的出路可能就是那个最坏的构想。

第三节　柯达：无意义战胜了有意义

人类总是在追问生活的意义，哲学家们讨论了几千年，还是没有讨论出一个结果。这似乎永远是一个没有答案的问题，或许正因为如此，人们才会这么不知疲倦地追问下去。

有一些东西的"意义"可能更加确定。我们经常说，你跟他争吵没有任何意义；或者我们在评论一篇文章时总是喜欢说，这篇小说有很深远的意义。这些时候的意义显得比较明显：指的是做某件事情的作用或影响，以及其中包含的一些道理。

不论"意义"指的是什么东西，有一点是肯定的，那就是我们都认为，不管做什么事情，有意义总比没有意义要好。

不过，事实真的是这样吗？

如果仔细地看一看"Kodak"这个奇怪的英文"单词"，你就会发现，无论是从这几个字母本身的含义，还是从它的形体来看，似乎都没有任何意义。当然，如果你试着拼出它的读音，你就会知道这就是全球最大的影像产品及相关服务的生产和供应商的名称——柯达。

柯达公司的创始人乔治·伊士曼在给柯达公司起名字的时候，还是一位33岁的青年人——我们知道，这正是一个男人成熟的年龄。

伊士曼在上学的时候被认为是"没有天分的学生"，但是，这并不是他在中学便辍学的原因，辍学是因为家庭贫困。伊士曼在14岁的时候就开始了自己辛苦的求职生涯，后来终于在一家银行谋得职位，有了一份

■所谓意义，只是相对于结果的一种效果。

稳定的工作。不过，在 1881 年的时候，他离开了银行，自己创办了一家公司。

青年伊士曼具有克服各种困难的能力，以及组织和管理的天分，更加重要的是，他具有活跃而富有创造力的思维，而这正是一个企业家最优秀的品质。如果不是因为他的思维与众不同，他还只是一个出色的小职员而已。

但是问题是，在创办自己的摄影公司 7 年后，伊士曼为什么要给这个公司改这么一个奇怪的名称？要知道，在他们那个年代，稍微严肃一点的产品，都不会使用没有意义的名字。

伊士曼的理由是："Kodak"这个词很短，念起来很响亮，而且绝不可能跟其他产品联系在一起。

事实证明，这个名称的确深深地印在了顾客的脑海中。

当世界 4 大顶尖广告公司之一的智威汤逊把自己公司的名称从 J.Walter Thompson 改成毫无意义的 JWT——这个名称并不只是缩写，它现在已经是这个公司的全称了——的时候，有人怀疑这个已经创立 140 多年的公司是不是做了一件傻事。要知道，J.Walter Thompson 这个名称已经深深地印入顾客的脑海里了，它已经被创造成一个富有自己意义的新的名称了。

作为全球第一大广告公司，也是全球第一家开展国际化作业的广告公司的 JWT，当然不是胡来。自成立以来，智威汤逊一直以"不断自我创新，也不断创造广告事业"为己任。JWT 在广告业有许多个先例：进行顾客产品调查、创办杂志指南、提供给国际投资人的行销指南、电台表演秀、商业电视传播、使用电脑策划及媒体购买……一句话，创新是智威汤逊公司的灵魂。

现在，人们对这个公司改名的行为已经表示理解了：它期望改变自己的传统形象，而这三个毫无意义的字母正好能够使它做到这一点。

无意义也有自己的作用，并且取得了成功，这是不是一件不可思议的事情？其实这没有什么好奇怪的，因为所谓的意义，仅是相对于结果的一种效果。只要达到成功的目的，我们就说这个思路是正确的，是有意义的。

【思路转换】

无意义有时候是一种更加高明的思路，它可以战胜有意义。

第四节　泥巴怀旧：与众不同才有价值

如果你是一个商家，当时尚的潮流迎面袭来的时候，你选择的是时尚、反时尚，还是另外的出路？

虽然魏斯伍德曾经说过"我认为一间古老的茶庄比一百座摩天大厦更重要"，但是这并不妨碍她在很长的一段时间里引领着时尚和潮流。

这位名满世界的时装设计师在20世纪70年代初，和她的好友麦康·麦克罗伦在英国的圣克里斯多夫街开了一家名叫"泥巴怀旧"的服装店。虽然这个店铺由于位置不是很好，而且店里卖的都是与店铺名称一点都不相符的、至少超前30年的服装，没多久就关门大吉，但是这件事情至少证明了一点：他们具有足够的勇气和独特的气质来挑战时尚——这正是他们后来成功的重要因素。

"泥巴怀旧"代表了魏斯伍德的风格。也就是说，她习惯于用反时尚来引导时尚。20世纪70年代的英国时装界为贵族阶级的价值观所主导，那时的主流是米色和奶油色格子呢。而魏斯伍德却颠覆了这个传统，她创造了独特的朋克风格，其中包括标着"摇滚"字样的T－shirt、紧身束缚长裤、飞车党的皮衣……这些创造使她获得了"朋克女王"的美誉。

20世纪80年代的魏斯伍德，开始尝试在自己的服装中加入英国传统的马甲、钢骨硬式蓬裙、苏格兰格子呢和洛可可风格图案等英国的历史元素，甚至大胆地使用了第三世界国家的图腾。这些服装完美地展现了时尚和传统的矛盾结合，而魏斯伍德也成功地再次颠覆了时尚世界。

虽然魏斯伍德因为与众不同而成功的，不过，她却说："我的目的并不是标新立异，而是试着用不同的方式来做同一件事。"

相对来说，由时尚界鬼才伦佐·罗索在 1978 年创立的 Diesel（原意为柴油机）一流的推销手段比这个服装品牌本身更加出色。

罗索似乎有着无尽的新奇创意和古怪念头，他每次都能给人们带来观念上的颠覆。在接受美国《人物周刊》杂志采访时，他对记者说："我们在贩卖一种生活方式。'Diesel'这个词已经蕴含了一切。它是一种穿的方式，生活的方式，以及行为的方式。"

2002 年秋冬季，罗索上演了一场颠覆传统的好戏——策划并推出了以"年轻人的抗议"为主题的系列广告活动。这些年轻人抗议的是一些鸡毛蒜皮的小事，比如孝敬父母、周末要四天、这个世界需要更多的情书等等。而他采用的方式也是与众不同的纪实摄影，而后随意地把这些年轻人的抗议做成平面广告。这一季的广告出来之后，时尚评论家拒绝承认这是服装广告。

罗索依靠这种与众不同的方式取得了巨大的成功。他于 20 世纪 90 年代在牛仔裤的故乡美国开了第一家 Diesel 专卖店，而街对面就是美国著名的服装品牌 Levi's 的旗舰店。当时人们都以为伦佐·罗索疯了——不过时间证明了他并没有疯，只是有些与众不同而已。现在，大多数美国人已经认为 Diesel 是美国本土的产品，在 2005 年《福布斯》奢侈品牌排名榜上位列 15，而伦佐·罗索本人则被英国一家杂志评为当年时尚界最有影响力的 5 名设计师之一。

■与众不同的想法总能带来意想不到的效果。

罗索说："今天，人们不想要同样的东西，一件东西最重要的是独特。"

如果说薇薇安·魏斯伍德和伦佐·罗索是在反时尚的大道上行进的话，他们拥有太多的同行者。而玛丽·昆特将裙子剪掉一大截的时候，没有女士敢穿这样的裙子。但是玛丽自己勇敢地穿了出去，结果迷你裙由此诞生，并且在流行传统长裙的西方引起震动。历史悠久的牛仔裤的产生也是叛逆的结果。

除了与众不同以外，他们的另一个共同点是，都依靠与众不同取得了成功。

事实上，太多的事例可以说明与众不同在时尚中的价值。反时尚有时候具有迷惑性质，它可能更加接近时尚。

【思路转换】

如果要时尚，关键就要与众不同。

第五节　该遮哪里：
错误的选择，正确的结果

让我们设想这样一个情景：在公共男澡堂的一个不起眼的位置，你正在尽情地享受热水澡，但是你突然瞥见一位妙龄女孩——那个冒失的女孩以为这是女澡堂，她并没有认出被浓密的热气包围着的你原来是个男的。但是你知道，如果你没有采取任何措施的话，她马上就会认出你来。假设你的手里有一条毛巾，为了避免尴尬，你应该遮哪里？经过一瞬间的考虑——或者这种考虑已经是多余的了，因为你已经下意识地把自己不该暴露的部分遮了起来，然后告诉对方，她走错了地方。

你做得十分熟练，而且无疑也十分正确——你遮住的地方的确是你最不该露出的地方。

不过，牛津的一位教授并不认为这是唯一的好办法。在牛津有条查瓦河，附近的人们喜欢在那条河里裸泳。一天，那位年老的教授正在河里游泳的时候，恰巧他的一群女学生撑船经过。她们当时并没有注意到这就是她们的教授，教授也不喜欢这时候出现在他的女学生面前，即使是在这个开放的地方。于是，他用毛巾把自己的脸捂了起来——他知道，学生们只能从他的脸辨认出自己。

■选择的正确与否完全取决于结果，被认为是错误的选择通常能来带正确的结果，反之亦然。

这位教授的思维与常人迥异：而他考虑得更加彻底，即让对方根本看不出自己是谁，这样才能彻底地避免尴尬。

有很多像教授一样与常人迥异的选择，却取得了正确的结果。

在一次酒店服务人员的面试中，主考官出了一道我们现在都很熟悉的考题。他让那些应聘的男服务生处理这样一个场景：当他打开一间房门的时候，发现一位女士正开着门洗澡，当然那位女士也发现了他。

"'对不起，'我会这样对她说，'我敲了门，但是没人应答，还以为没有人，就进来打扫房间。'"第一位面试者这样说。

"不错，"主考官说，"很有礼貌，而且详细解释了你的原因。"

"'对不起，'我会这样对她说，'我什么都没有看到。'"第二位面试者说。

"很好，"主考官说，"你打消了顾客的疑虑。"

"对不起，先生。"第三位应试者如是说。

"很好，"主考官说，"你被录取了。"

这就是说：正确或错误的选择，都可能导致正确或错误的结果。

【思路转换】

实际上，正确或者错误的选择都是相对的，它必须由结果来定义。

第六节　洛杉矶奥运会和尤伯罗斯：错误的决定，正确的方向

当尤伯罗斯成为美国洛杉矶奥委会主席的时候，没有人意识到他将彻底改变奥运的历史。

在 1984 年第 23 届洛杉矶奥运会以前，举办奥运会的国家都是有苦难言，有一些被指定举办奥运会的国家不得不为此负债累累。但是在 1984 年以后，尤伯罗斯改变了这种局面，举办奥运会开始成为人们争相抢夺的目标。

鉴于以前奥运经营的彻底失败，1984 年，美国洛杉矶政府决定奥运会不花费哪怕一分钱的公用基金——尤伯罗斯是促成这个决议的核心人物之一。

在当时，人们都认为这个决定是错误的，因为他们从来没有听说过奥运会被改成民办，这样的话，两手空空的奥运会组委会一定会把这次奥运会搞砸，而这势必会严重地损害美国人们的自尊心。

尤伯罗斯在旅游业内享有盛名，他自己也对未来充满了信心。但是，人们还是不愿意相信他能够帮助他们找回信心。他在卖掉自己的旅游公司的股份之后，开始对奥运会进行市场化操作，采取了一系列开创性的措施和策略，努力争取获得最大的利润。最后，他成功了：他使第 23 届奥运会在支出 5.1 亿美元之后，赢利 2.5 亿美元。

更大的意义在于，尤伯罗斯改写了奥运经济的历史，建立了一套"奥运经济学"模式，为后来的举办方树立了典范。

现在看来，有谁能说他们当初的决定是错误的呢？

当 19 岁的比尔·盖茨决定放弃自己哈佛大学学业的时候，几乎所有人都认为他的决定是错误的。不过，如果他的选择跟大多数人一样"正确"的话，那么他可能不会成为世界上最年轻的亿万富翁，也可能不会在日后连续许多年成为世界首富。

遗憾的是，我们大多数人不能成为比尔·盖茨。不过你用不着沮丧，如果找到自己正确的方向的话，那么至少能够发挥自己最大限度的能量。

【思路转换】

那些错误的决定，往往能够使你拥有正确的方向。

好思路未必是正常和理性

··

第一节 他什么都没做错

约翰从小到大接受了良好的教育。当别的小孩还在学习乘法表的时候，他已经开始看初中生的书了。在当学生的时候，他的大部分时间都花在学习上——学习那些似乎永远也学不完的教科书上的知识。

毕业后，由于学历很高、态度随和，并且长相不俗，他很快就得到上司的赏识和提拔。后来，他慢慢地从小职员变成了经理，最后竟然调到了董事阶层。

后来公司要任命一个副董事经理，约翰以为非自己莫属。但是最后，一位官阶和薪水比约翰低很多的员工被任命了。原因是那位员工经常有一些新的构想，提出一些新的建议；而约翰虽然也很尽职，但是却没有什么创意。

他感到有一些愤愤不平。他对他的上司说："我并没有做错什么事。"

"这就对了，"他的上司对他说，"原因就是你没有做错什么事。"

约翰在他度过 48 岁生日以后，突然被不断地降职，最后终于被扫地出门，也许就是因为他什么都没有做错。

很多人像约翰一样，想不通自己为什么不能获得成功。他们既没有犯什么错误，又勤勤恳恳地工作。他们并不是没有成功过，但是关键问题在于，他们跟大多数人没有什么区别。

那些保守的人往往不会出什么错，但是也不会有什么创造力和成绩。这正好说

■偶尔拖后腿的，正是你的滴水不漏。

明公司为什么会解雇那些毫无创意、只求无错的员工。

资深品牌识别咨询公司——扬特品牌识别咨询公司的管理股东图恩·安德斯说："即使你拥有世界上最好的工厂、生产最好的产品，但是，如果你没有好的创意，那么你就死定了。"

很难想象如果扬特公司的员工都是像约翰一样的人才将会怎样。如果真是那样的话，只有一种可能，那就是会像大多数失去活力的企业一样马上倒闭。而那些全球有名的公司，像可口可乐、宝马、迪士尼、摩托罗拉等，当然也不会成为他们的客户。

在现在的社会中，各行各业都竞争十分激烈，创新更加成为企业取胜的至关重要的一点。

莫妮卡跟约翰完全不同，她的事业线在一开始的时候并不像约翰那么幸运。这是因为她莽撞、粗鲁，并且经常产生一些并不理智、看起来不切实际的想法，虽然她也很勤劳。

莫妮卡的事业线最大的特点是大起大落：要么十分出色，要么跌得很低。事实上，她在现实的工作中经常遇到麻烦。她提出的方案经常会被否决，并且遭到很大的抵制。可以说，在她刚开始工作的一段时间里，她做得一点都不开心，但是她依旧我行我素。

她也不是一次机会都没有。一次，她的上司决定采纳她的一个建议，这个建议给公司带来了很大的利润，她也得到了一定程度上的尊重。不过，她还是没有学会"见好就收"，还是依旧频繁地抛出她的想法和创意，而这些想法并没有经过详细的论证和研究。

在公司待了3年后，莫妮卡被炒了鱿鱼。这是她自己没有想到的。不过，她觉得这也没什么大不了。

让莫妮卡感到意外的是，重新找一份工作也不是很难的事情。因为当人们知道她的那个方案的时候，都为她的才华所打动。

当她进入第二个公司的时候，她依然不断地提出自己的想法，不管这些想法有多么不切实际。最后，她又被扫地出门。

莫妮卡就这样大起大落，不断地遭遇人生的高潮，又不断地走入低谷。在她40岁的时候，她已经积累了许多宝贵的经验，变成了一个受人尊敬却依然敢于创新的成功人士了。

无论是对个人还是公司来说，犯错都是一件平常的事情。因为没有犯错往往意味着你没有进行任何有益的尝试，而没有尝试是不可能达到成功的。

【思路转换】

有时候你之所以没有取得更大的成功，恰恰因为你没有犯错。

第二节　怎么变得瞻前顾后了

人们大约在30岁的时候开始变得成熟。这意味着他开始认识自己和自己的思想，并且会以一个大人的身份来思考和处理事情。他不再不顾一切，大胆冒险。在做任何一件事情之前，总是会先对风险进行评估，然后再做决定。

你把自己想象成一只鸟。像它拥有飞翔的本领一样，你能够凭借自己的知识和能力解决许多问题。不过在你成熟之后，以前所发生的事情，仅仅会使你心有余悸，而不会帮助你鼓起勇气。比如，年轻的时候你会纵身跃入水池中而不去想其他更多的问题。而现在，虽然你游泳技术很高，但是却会想到其他的问题：水可能很凉；自己刚吃过饭，不适合游泳；水底可能有木桩；水可能太浅，不能纵身跃入……

现在，你已经习惯瞻前顾后，而重重的顾虑会阻碍你使用飞翔的本领，甚至会让你忘记自己掌握的本领。

在这个高速发展的社会里，机会很多，但是机会转瞬即逝，不会给你太多的时间去评估它的利弊。如果顾虑太多，就会错过做决定的最佳时期——在你还思前想后的时候，别人已经占了先机。

1974年，纽约政府装修自由女神像的时候，旧的铜块被换下来，变成了垃圾等待处理。于是政府就公开让商家投标收购，可是几个月过去了，却没有人感兴趣。因为很多垃圾处理商考虑到纽约的环保人士太厉害，如果处理不当就会遭到投诉，所以不想找麻烦。

当时，有个在巴黎旅行的人在报纸上看到了这个消息。他从中看到了商机，特意飞到纽约去购买那些在别人看来是垃圾的废铜烂铁。他与纽约政府签约，把那些"垃圾"都买了下来。然后，用来自自由女神像的铜块制造了很多小的自由女神铜像，当作纪念品出售。

经过加工之后的铜块，自然比垃圾有价值。更重要的是，铜像的原料来自自由女神像，有很好的纪念意义，这就有理由比一般的纪念品卖更高的价钱。结果，这些"垃圾"带来了足足350万美元的利润。

■打消顾虑，把握现在。

也许有人会说，故事的主人公肯定不是一般的人，不然，他怎么找到处理那些垃圾的公司、制造铜像的工厂以及出售铜像的商家？如果他在做这件事之前考虑到这些麻烦和困难，那么他也就做不成这件事了。

很多小生意人并不是不想有大的发展，只是他们会考虑很多不确定的因素，下不了决心。即使当大好机会摆在他们面前的时候，他们也会犹豫不决——或者怀疑自己的能力，或者担心外部环境的变化。但是，仔细评估利弊之后做的决定会让他们满意吗？不能，因为他们往往会后悔没有把握住机会。

一位园艺师不甘心一辈子和花花草草打交道，也想做点生意，赚大钱。有一天，他向某房地产老总请教说："我看您的事业愈做愈大，真让人羡慕。我对自己很不满意，不想这样平平淡淡地过一辈子，请您告诉我一些创业的秘诀吧！"

这位老总点点头说："好吧。你比较精通园艺方面的知识，我看你就种树苗吧。正好我现在有 2 万坪空地，我愿意跟你合作。一棵树苗多少钱？"

"5 元。"当作园艺师答道。

老总继续说："好！以一坪地种两棵计算，2 万坪地大约可以种 2.5 万棵，树苗成本是 12.5 万元。3 年后，一棵树苗可以卖多少钱？"

"大约 200 元。"当作园艺师又答道。

"那么，12.5 万元的树苗成本与肥料都由我来支付。你就负责浇水、除草和施肥工作。3 年后，我们就有 487.5 万的利润，到时候我们五五分成。"老总很认真地说。

这时园艺师开始犹豫起来。"可是，"他说，"市场的行情并不是很稳定啊！而且有些树苗成活率很低，还怕生虫子。再说，那么多的树苗我怎么照顾得过来？也许居心叵测的人会来破坏或者偷走树苗。还有……"

"好啦！"没等他说完老总就打断了他，"确实如此，我打算放弃这项计划了。"

园艺师这时追悔莫及！他虽然顾虑重重，但是并不打算轻易放弃这次机会。然而老总已经从他的犹豫不决中看出来，他不是做大事的人，不是一个好的合作伙伴，正好借助园艺师的种种理由拒绝了他。

成年之后，我们变得患得患失，有了很多顾虑，做事之前总是寻求万全之策。但是思考太多，顾虑太多，会让我们的行动变慢。当然了，适当的权衡利弊是必要的，但是蜈蚣不应该慢腾腾地穿上鞋子之后再跑，因为机遇是不会等着你的，而且，错过之后也很难再遇到同样的机遇。

【思路转换】

永远没有最好的时机，你要做的就是把握现在！

第三节　有些担心，让人怯懦

你有没有过这样的经历：

担心考不好而放弃考试；

担心被拒绝而不敢向你喜欢的异性表白；

担心不被录用而放弃应聘某家大型企业；

担心被淘汰而不敢竞争某个职位；

担心投资得不到回报而不敢承揽一项很有前景的项目；

⋯⋯⋯⋯⋯

希望你不会因为那些无谓的担心，而错过很多人生中的大好机会。患得患失是正常的心理，我们凡人无法做到无欲无求。学业、爱情或者事业，总想得到些什么，但是又害怕得不到。好不容易得到了，又整日惶恐不安，唯恐失去。如果总是像这样提心吊胆地过日子，岂不是活得很累？更可怕的是，你越担心就越有可能得不到，越担心就越有可能失去。

不少男士在向心爱的女孩求爱之前都要经过痛苦的挣扎，因为他们非常担心遭到拒绝。尤其是那些很爱面子有点大男子主义的男士，认为如果自己表现得太痴情，会很没面子。这种担心让他们在爱情面前显得很懦弱。你如果懦弱到连求爱的勇气都没有，又怎么能指望人家喜欢你呢？有一些人正是因为害怕被拒绝使自己陷入单相思的境地并错失了天赐良缘。

　　向心爱的人表达自己的感情，对他（她）来说是一种荣幸，对自己来说是一种情感的释放。如果对方拒绝了，你就当作是一种考验好了。轻易能得到的东西不值得珍惜，不经一番寒彻骨，哪得梅花扑鼻香呢？有一部日本电影叫作《101次求爱》，经过了100次的挫败，在第101次求爱的时候主人公终于感动了他所爱的人，得到了自己的幸福。

　　说到底，人们的种种担心无非是担心失败。但是，真的有失败这回事吗？在成功者的眼中没有失败，只有结果。失败只是一种天不从人愿的结果。成功者都经历过多次失败，他们从失败中总结经验，汲取教训，让自己变得更强大。

　　有这样一个人：他21岁时，做生意失败；22岁时，角逐州议员落选；24岁时，做生意再度失败。26岁时，爱侣去世；27岁时，一度精神崩溃；34岁时，角逐联邦众议员落选；36岁时，角逐联邦众议员再度落选；45岁时，角逐联邦参议员落选；47岁时，提名副总统落选；49岁时，角逐联邦参议员再度落选；52岁时，当选美国第十六任总统。

■不要担心你倚靠的不是一棵树，否则，你倚靠的真就是靠不住的花。

　　这个人是美国总统亚伯拉罕·林肯。想想看，如果他在经历了52岁之前的种种不幸遭遇之后，担心再次失败而停滞不前，那么他肯定不可能成为美国总统。

　　任何投资都是有风险的，如果总是担心投资失败，你最好放弃投资的打算。但是如果真的放弃，恐怕你又不甘心大把的银子让别人赚去。既然想赚钱，就要有承担风险的准备，何况你未必会失败。话说回来，就算失败了又怎样？大不了从头再来。

心理学家研究表明，女性在穿得比较暴露的时候智商较低，常常会犯一些低级错误。这是因为她们担心自己的隐私部位走光，不能把精力集中在手头的事情上。如果总是担心某些未知的结果的话，就不可能做好任何事。这一点在射击运动员身上表现得非常明显。如果担心失败，就会心神不宁，不能集中精力，很难瞄准目标。

《圣经》中有这样一段关于约拿的故事。约拿是一个虔诚的基督徒，一直渴望得到上帝的差遣，期待为上帝完成一项伟大的使命。机会终于来了，上帝派约拿到尼尼微城去宣布赦免本应被罪行毁灭的人们。这正是约拿期盼已久的神圣而光荣的使命，会给他带来很高的荣誉。但是约拿却不敢接受这个任务，他逃跑了。上帝找到他，唤醒他，甚至让一条大鱼吞了他以示惩戒。反复和犹疑，约拿终于悔改，完成了使命。

马斯洛根据这个故事提出了"约拿情结"，就是说当一个人面对成功的机遇时所产生的焦虑、不安，甚至畏惧的心理。每个人都想取得成功，但是当机会来临的时候，总是伴随着一种心理迷茫。我们既怕正视自己最低的可能性，又怕正视自己最高的可能性，由于担心失败不敢向自己的最高峰挑战。从自我实现的角度来看，这种担心失败的心理会阻碍你事业的发展。大多数人之所以平庸，首要原因不是没有能力，而是因为懦弱。他们担心看到失败的结果而不敢去追求，不敢采取行动，结果错过了很多成功的机会。

担心失败是毒害心灵的消极思维方式。如果一个人总是担心失败，就会产生畏惧不前的心理，丧失行动的勇气，从而一辈子碌碌无为。那些有伟大成就的人，从不把失败放在心上，他们不容许任何有害身心的消极思想存在。

【思路转换】

如果你总是担心失败，那么你已经失败了。

第四节 理性输给了不理性

理性常用来指做事谨慎小心，能够对局势做出客观的评价和分析。不理性则常常在批评人的时候用到。好像不理性的人做事鲁莽，容易冲动，经常犯错。事实上，太理性也未必是好事。

在高尔夫球场上，老手常常会输给新手。按常理来看，老手的经验丰富，赢球的概率应该大一些，但是恰恰是那些经验以及随之而来的理性思考限制了球技的发挥。他们掌握了一些打球的技巧，这让他们打球的时候很谨慎。挥杆的时候，他们会力求摆出最完美的姿势，尽量避免常犯的错误动作；他们很熟悉出差错的后果，这让他们打球的时候有些紧张。切球的时候，他们会仔细衡量方位，以免出现偏差。结果，越谨慎越不能集中精力，越紧张越会出差错。

相反，新手不懂应该注意什么，不受条条框框的限制。他们虽然有些鲁莽，但是能够率性而为。他们打球的时候能够让自己的身体和球杆自然地融为一体，毫无杂念地挥杆击球。

知识和经验能够让人变得理性，理性的人喜欢三思而后行，没有十足的把握他们就不会采取行动。但是，在这个瞬息万变的信息时代，如果不尽快采取行动就会错过很多的大好机会。那些不够理性、敢于冒失败的风险的人，往往能够抓住机会奋力一搏，成就自己的事业。

1992 年，杨涛毕业于山东艺术学院。毕业之后，父母给他在事业单位安排了一个各方面都很不错的美差，但是他毅然放弃了铁饭碗，选择了去打工。

在常人看来，他的做法是很不理性的行为。但是如果他理性地选择留在事业单位，就不会有后来的第一桶金。

辞职之后，他在酒厂呆过几个月的时间。1993 年，他和朋友一起做酒水生意，开始了创业生涯。在当时特殊的市场环境下，3 年的酒水

■不理性的人通过改变世界来适应自己。

经营让他获得了 1000 万元的收益。

1998 年，当人们都在羡慕他的成就时，他又一次做出了不理性的决定。在放弃了与别人合作的机会之后，他义无反顾地把自己 1000 多万人民币全部投入到了化妆品行业，获得了法国品牌化妆品"让古戎"在中国 20 年的总代理权。他全面负责让古戎在中国区的生产、销售和经营。

别人劝他给自己留条后路，但是杨涛说："做生意必须要斩断后路，那样才可能置之死地而后生。"

果然，让古戎化妆品在国内市场上一炮打响，很受欢迎。杨涛积极拓展营销网路，大手笔地进行广告宣传。现在，让古戎已经成为知名的化妆品品牌。除了青海、西藏等地外，全国都有销售网点。

与理性相对的是疯狂。有时常规的做法不能引起人们的注意，而疯狂的行为，反而能够产生让人震惊的效果。

教育界鼎鼎大名的"李阳疯狂英语"，让世界语言教育学界感到匪夷所思。他在课堂上、在北京故宫、在革命老区、在日本、在韩国，甚至在美国带领成千上万的学生疯狂呐喊美式英语。他颠覆了常规的、看似"理性"的从书本上学英语的思维模式，疯狂地倡导大家张口说英语。如果李阳不是那么疯狂，就不会引起人们广泛的关注。现在疯狂英语已经成为一个响亮的品牌，一种能够让人激情澎湃的精神。它让越来越多的人认识到英语是用来交流的，聋哑英语是失败教育的结果。

我们并不主张毫无顾忌地鲁莽行事，但是在客观评价、理性分析的前提下，应该适度地放开些，不要让理性思维束缚住手脚。不受理性思维限制的秘诀就是时刻保持一颗童稚的心，率性而为，做自己想做的事。这样既对得起自己，又让人羡慕，就算是失败又何妨？

这是一个理性的时代，理性的行为没有什么新鲜感，不理性的行为反而能给人们带来惊喜。当你跳出中规中矩的理性世界之后，才会发现原来还有更广阔的空间。

英国著名剧作家乔治·萧伯纳说："理性的人通过改变自己来适应这个世界，不理性的人通过改变这个世界来适应自己。所有的进步都要归功于不理性的人。"

【思路转换】

如果有人说你不按常规出牌，那么恭喜你，你很有可能创造奇迹。

第五节 保持合理仅仅是合理而已

我们经常听到人们说"那样做不合理"或者"这样做比较合理"之类的话。到底什么是"合理"呢？

通常情况下，权威的或者书本上已经有定论的观点是合理的；约定俗成的规则是合理的；大家都这么做，那么这种做法就是合理的。

看看下面几个小故事，你会发现合理的做法虽然能让人心安理得，但是往往会限制我们向更广阔的空间发展。

20 世纪 70 年代，物理界的学者已经知道所有的基本粒子是由 3 种夸克组成的。3 种夸克能够解释所有的现象，因此当时几乎所有的人都认为只有 3 种夸克。但是，有个人提出了疑问："为什么只有 3 种夸克？

有没有可能存在第四种夸克?"当他向费米国家实验室和西欧核子中心申请建造高灵敏度探测器的时候被拒绝了,因为他这种设想是不合理的——不可能存在第四种夸克。但是这位科学家并没有向"合理"低头,他用一个比较低能的加速器来做这个实验,花费两年的时间终于发现了一种新的夸克,推翻了只有3种夸克的论断。他就是1976年诺贝尔物理学奖获得者丁肇中。在谈到他的科学研究体会时,丁肇中说:"有了第四种,就有可能有第五种、第六种,这样就把以往的观念给推翻了。"

买东西要先付钱,没有钱就别想买到东西,这是起码的常识,也是非常合理的做法。但是有人却能够不花自己一分钱就买到价值160万美元的保险公司,是不是很不合理?让我们看看美国混合保险公司创始人史东是怎么做的吧:

在美国经济大萧条时期,宾夕法尼亚伤亡保险公司被迫停业。这家公司隶属于巴尔的摩商业信用公司所有,巴尔的摩的管理层感到无力回天,决定把这家保险公司卖掉,出价160万美元。

有多年保险从业经验的史东拥有一支优秀的保险推销队伍,当他听到这个消息之后,真想把这家公司买下来。但是他没有那么多钱。按照合理的做法,他应该想办法去筹钱,向亲戚、朋友借或者从银行贷款。但是史东采取了不合常理的举动,他竟然向买家借钱。史东带着自己的律师去和巴尔的摩的负责人谈判。当他提出这个在常人看来非常荒谬的

■ 存在即合理。

设想之后，对方惊讶得目瞪口呆。

巴尔的摩的老总问史东为什么这么做，史东说："我有一群出色的推销员，有把握将这家保险公司经营好，但是我没有钱，必须向你们借钱来经营。"巴尔的摩商业信用公司仔细调查了史东所率领的推销团队之后，相信史东有能力挽救即将倒闭的保险公司，于是与他签订了合同。就这样，史东创造了奇迹：没有花自己一分钱，却得到了一家价值160万美元的保险公司。果然，在他的妥善经营之下，这家保险公司起死回生了，而且成为美国最受欢迎的保险公司之一。

合理仅仅是合理而已，并不代表那是唯一正确的做法。在人们所熟悉的合理的原则和方法之外，还有很多种不为人知的思路。这些思路能够把你和一般人区别开来，拓展出一片全新的天地，达到别人意想不到的效果。何况当条件发生变化之后，合理的事情也会变得不合理。如果因循守旧不知道变通，就只能停步不前，甚至还会退步。因此要敢于怀疑常规的、合理的做法，敢于提出"不合理"的设想。

有时候，你认为合理的事情，也许只是一时的偏见，事实上未必真的合理。事情是不断发展变化的，随着条件的变化，以前合理的事情，也许现在已经不再合理。在这里合理的事情，放在别的地方就不再合理。

【思路转换】

你认为合理的事，未必真的合理；你认为不合理的事，自有它存在的理由。

第六节　我们失去了想象力

没有人知道为什么，太阳总下到山的那一边。

没有人能够告诉我，山里面有没有住着神仙。

多少的日子里，总是一个人面对着天空发呆。

就这么好奇，就这么幻想，这么孤单的童年。

这是歌曲《童年》里的一段歌词。没错，童年时代每个人都是充满幻想，充满好奇的。但是长大以后，随着所学知识的增加，我们渐渐变得现实了，渐渐失去了想象力。这是非常悲哀的一件事，没有想象力的人类就像没有翅膀的鸟一样。

"明月几时有？把酒问青天。"月球，这颗离地球最近的天体曾引起多少诗人的遐想？1969 年 7 月 20 日，美国宇航员尼尔·阿姆斯特朗和巴兹·奥尔德林乘"阿波罗 11 号"飞船首次登月成功。阿姆斯特朗率先踏上月球那荒凉而沉寂的土地，成为登上月球并在月球上行走的第一个人。征服月球之后，人们不再有像"嫦娥奔月"那样带有浪漫色彩的想象——月球不过是一个坑坑洼洼的天体而已。

城市居民每天都制造出大量的垃圾，让城市管理部门感到非常头疼。虽然有一些垃圾回收站，把垃圾回收之后可以再利用，但是回收的垃圾并没有特别大的价值。阿根廷一群年轻的设计师组成了一个叫"阿尔塞布"的团体，他们凭借自己的想象力把一些可以回收利用的垃圾制作成家具或是装饰品。他们用木材、玻璃、塑料等回收材料制作出独一无二的长凳、桌子、玻璃杯等等日用品，不但外观漂亮，而且非常实用。富有创意的设计很受消费者喜爱，自然可以卖个好价钱。

■充分发挥想象力，世界会为你让出一条路。

在美国，有一个农民打算开垦一大片农场。在土地中介商的建议之下，他用尽所有积蓄，在佛罗里达州的乡下买了一块土地。但是，很快他就发现自己上当了。那片土地遍布灌木丛，很难开垦，并且那里的土地很贫瘠，并不适合种农作物生长，最要命的是在灌木丛中还有不少的响尾蛇，十分危险。

这位农民开始的时候非常沮丧，感到天都塌下来了。他难过地说："我现在有的只是一些响尾蛇了，响尾蛇有什么用啊？"但是他很快就豁然开朗，因为他看到了响尾蛇的价值。他开始大量饲养响尾蛇，专门用来生产毒蛇血清。后来他发现很多人对响尾蛇又害怕又好奇，于是他把自己那片荒芜的土地建设成了一个旅游观光景点。每年有成千上万的游客前来参观，甚至连当地的邮局都有佛罗里达响尾蛇村的戳记。

发挥想象力，你就可以变废为宝。当你觉得一无所有的时候，实际上你还有一笔最宝贵的财富——想象力。

爱因斯坦曾经说过："想象力比知识更重要，因为知识是有限的，而想象力概括着世界上的一切，推动着进步，并且是知识进化的源泉。严格地说，想象力是科学研究中的实在因素。"

【思路转换】

只要你敢于大胆发挥想象力，世界就会为你让出一条路。

第七节　为什么停滞不前了

如果有人和你打赌，从一个地方出发回来比较晚的那个人就赢了，你会走多久呢？走一天一夜够不够长？走 10 天够不够长？让我们看看古希腊人是怎么做的。

在古希腊的一个小村落里，住着两个小伙子，一个叫鲁尔，一个叫克尔威逊。有一天，他们打赌看谁离家出走的时间更长。他们同时向不同的方向出发了。鲁尔走了 13 天之后，对自己说："可以停下来了，走得够久了，说不定克尔威逊现在已经回去了。"于是他转回头，开始返回家乡。到家之后，他发现克尔威逊并没有回来。十几天过去了，克尔威逊还是没有回来。鲁尔开始佩服他的同伴，但是没有太在意，继续种他的庄稼，过他的日子。可是一个月过去了，一年过去了，克尔威逊还是没有回来，村里的人猜测他在外面遇到了强盗，丢了性命。

转眼7年过去了。有一天，一支军队浩浩荡荡地向村子开过来，领头的统帅雄赳赳、气昂昂地骑着一匹枣红大马。队伍走近之后，村里有人认出了那个统帅，惊喜地叫道："是克尔威逊！克尔威逊当统帅了！"

的确，离家7年的克尔威逊当上了军中的统帅。他向村里人致意之后，开始询问鲁尔的情况，他说："我要感谢他，如果不是因为那个赌注，我也不会有今天。"鲁尔站在他面前，惭愧地说："你赢了，我的朋友。我走到13天的时候，就停滞不前了，到现在依旧是个农夫。"

鲁尔为什么停滞不前了呢？他觉得自己已经走得够久了。他对自己的要求本来就不高，因此很容易满足现状。作为赢家，克尔威逊可不是这样想的，他不停地走下去，直到开拓出另一片天地。

那些没有成就的人并不是没有努力，而是稍稍努力之后就觉得自己尽力了，认为不会有更大的发展了。相反，做大事的人不会浅尝辄止，他们马不停蹄地向前奔去，不成功决不懈怠。

刚刚毕业的齐小姐在一家大宾馆当接待员。有一天，她遇到一件很难处理的事：一位美国客人本来预定了美国—香港—北京—广州的飞机联票，但是由于没有及时确认去广州的飞机票，预定的航班被香港航空公司取消了。他要去广州签订一个重要的合同，如果不能及时赶到，就会造成几百万元的损失。

宾馆经理安排齐小姐和另外一位有经验的接待员帮助客人解决这个问题。她们先到民航售票处了解情况，结果被告知是香港航空公司取消的航班，和民航售票处没有关系。她们建议客人再买一张票，可是没想到票已经卖光了。那位有经验的接待员向售票员反复强调这位客人很重要，希望能通融一下。售票员建议她们去贵宾室试一试。当她们满怀希望地赶到贵宾室时，却被门卫拦住了，说没有贵宾证就不能进贵宾室，但是她们哪里有贵宾证啊？

这时那位有经验的接待员开始打退堂鼓了，她说："我们已经尽力了，算了吧，我们回去吧。"但是齐小姐仍抱有一线希望，她问售票处的工作人员："遇到紧急情况，可以找谁?"工作人员告诉她："可以找总经理，但是总经理很忙，如果没有预约，恐怕不会接见你们。"齐小姐开始犹豫起来，感到没什么希望了，但是她马上换了一种思路："不试一下，怎么知道一定不行?"

她坚定地敲响了总经理办公室的门，听到"请进"之后她推门进去。她对自己笑了一下，原来见总经理一面并不是那么困难。她讲述了事情的经过，并向总经理申请一张机动票。总经理被她那认真负责的态度和不轻言放弃的精神打动了，把一张准备留给其他重要客人的机票给了她。

当齐小姐把机票交给客人的时候，客人非常激动，一定要给她1万元作为酬谢。她坚决不要，只是说："这是我应该做的。"宾馆经理知道事情的经过之后，在全体员工面前表扬了齐小姐，并很快把她提升为主管。

所谓江郎才尽，其实在很多时候都是自己否定了自己的能力。你真的不行吗? 如果你勇敢地走下去，就会发现原来自己有无穷的潜力。

著名心理学家威廉·詹姆斯指出，半途而废是人之常情。他用"疲乏的第一层面"的说法来解释这种现象：人们经过短暂的努力之后就会感到不耐烦，感到很疲倦，要想使一个人发挥出全部的潜能确实很困难。但是一旦我们推动自己穿透疲乏的层面，发掘下面隐藏的潜力，

■任何时候都不能停滞不前。

必将得到惊人的成就。

很多伟大的科学家之所以能够取得举世瞩目的成就，都是因为他们沉得住气，能够忍受"疲乏的第一层面"带给思维的折磨。比如，牛顿就是一个典型的例子。他能把一个问题长久地放在脑子里，几个小时、几天、几个星期甚至更久，直到把问题完全弄懂，否则绝不放弃。被后人誉为"发明大王"的爱迪生同样能够长久地对一个问题保持专心致志的态度，否则他也发明不了电灯。

如果你总是半途而废，到最后你一定会一事无成。如果你能抱着不成功就不放弃的态度，那么再困难的问题都会被你征服。

【思路转换】

不要轻言放弃，继续走，前面就是一片广阔的天地。

第八节　谁捆住了我的手脚

心理学家做过这样一个试验：

在一个水池的中间放一块强化玻璃，把水池分隔成两部分。其中，一部分用来养一条凶猛的鲨鱼，另一部分养几条热带鱼。开始的时候，鲨鱼想吃到对面的热带鱼，于是不断冲撞那块看不到的玻璃。猛烈的撞击弄得它遍体鳞伤，但它始终不能过到对面去。实验人员每天在鲨鱼的池子里放一些鲫鱼，所以鲨鱼并不缺少猎物。但是每当看到对面那些美丽的热带鱼的时候，它还是想冲过去。它每次都是用尽全力，试遍了玻璃的每个角落，但一直没能成功。经过一段时间之后，鲨鱼似乎心灰意冷了，它不再冲撞那块玻璃了，对那些斑斓的热带鱼也不再在意。它每天只等着试验人员送来的鲫鱼,然后敏捷地捕捉那些鲫鱼。这样过了一段时间，实验人员将玻璃取走了。但是鲨鱼每天仍在固定的区域游着，不再做冲到对面去的尝试。它不但对那些热带鱼不感兴趣，甚至于当那些鲫鱼逃到那边去之后，也会立刻放弃追逐——它以为那块坚硬的玻璃板仍然存在。

最初进行各种尝试而没有成功的鲨鱼，明白了再怎么努力也是徒劳。当条件发生变化之后，它的认识还停留在前一个阶段，不再做任何尝试。这就是心理学上著名的"习得性无力感"。人也是一样的，经过一段时间的努力和尝试之后，

■不要让自己的思维受到限制。

如果没有收获，就会觉得再怎么努力都是白费力气，于是就不会再做努力了。

权威和定论是限制我们思维的另一个牢笼。我们常常这样想：既然专家都这么说了，想必是对的了；既然已经是"定论"了，就不能再怀疑了。一旦有人推翻了专家的说法，改写了所谓的"定论"，人们就会感到非常惊讶。

19 世纪的时候，有些人尝试着制作能够载人飞行的机械装置。但是，很多科学界的权威人士却纷纷站出来提出否定的观点。法国天文学家勒让德认为，比空气重的机械装置不可能飞行。法国发明家西门子也持相同的观点。德国物理学家赫尔姆克茨也断言驾驶机械装置飞上蓝天是痴心妄想。这些权威者的看法确实让一些人放弃了制作飞机的尝试。但是，幸好还有些人不受权威言论的束缚。1903 年，美国的莱特兄弟驾驶飞机飞上了蓝天，成为人类航空史上的英雄。

美国的一个军事科研部门曾经试图用玻璃管研制一种高频放大管。上级主管部门把这个科研项目交给了发明家贝利负责的科研小组。布置这项任务的时候，上级部门下达了一项奇怪的指示：不准参考有关书籍。

小组成员按照规定没有参考任何书籍，经过一段时间的努力，研制出了一种 1000 个计算单位的高频放大管。科研人员对那个奇怪的指示很好奇，完成任务之后他们找来相关书籍查阅，结果惊奇地发现书上写着：如果采用玻璃管做高频放大管，放大频率只能达到 25 个单位。他们不得不叹服上级领导的策略，如果在着手研制之前，他们看到这个数字，一定不敢设想能够研制出 1000 个计算单位的高频放大管。

不少人很容易受到别人的影响，很在意别人对他们的评价，别人的否定会让他们丧失信心。尤其是权威人士的否定，会让他们认为自己真的很没用。但是，别人的看法是正确的吗？即使是权威人士，他的看法也未必是百分之百的准确。

达尔文小时候，所有的老师和长辈都认为他资质平庸，没有太大的前途。结果他提出了举世闻名的"进化论"。爱迪生小时候是班里成绩最差的一个，在美术课上老师曾拿着他做的小板凳说："我没见过比这个更丑的板凳。"因为他长了个"偏头"，老师带他到一个有名的医生那里做脑部检查。经过一番诊断之后，那位医生煞有介事地说："脑子里面坏掉了。"谁能想到，后来他成了世界上最伟大的发明家。

除了外界因素以外，人类最大的敌人是自己。我们总是怀疑自己的能力，不敢相信自己能有更大的突破。把自己限制在一个小小的天地里面，当然不会有更大的突破。人生最大的挑战就是挑战自己，不断挑战自己、不断超越自己是成功者最大的特征。

有一个撑竿跳高的运动员，虽然经过很艰苦的训练，但总也跳不过一个高度。他觉得自己的能力已经发挥到极限了，无论如何也跳不过那个高度了。他对自己绝望了，于是去向教练求救。

教练问他："准备跳的时候你心里在想什么？"

他说："冲出起跑线，看着那个高度我就觉得自己肯定跳不过去。"

教练说："你怎么那么肯定？你试着先把你的心从杆上摔过去，你的身体也会跟着过去的。"

他按照教练说的去做，果然跳过去了。

无论是习得的限制还是权威人士的说法或者定论，无论是别人的评价还是自我设限，都是人们心中的瓶颈。这些瓶颈是阻碍我们成功的障碍，只有打破心中的瓶颈，才能获得更大的发展。

【思路转换】

一切限制都是人为的，打破限制你就能获得自由和发展。

第九节　忧郁症

做一下下面这几道测试题，看看你是不是一个快乐的人：

1. 你喜欢自己吗？

A．一点也不。

B．不太喜欢。

C．一点点吧。

D．喜欢。

E．很喜欢。

2. 今天早上起床的时候心情怎么样？

A．和平日差不多。

B．还算不错。

C．挺好的。

D．一般吧。

E．糟透了！

3. 当别人称赞你长得漂亮的时候，你会怎么回答呢？

A．你说对了！

B．你想气我！

C．谢谢啦！

D．太过奖了！

E．真老套！

4．你要改变自己的生活吗？

A．一定要。

B．我想不用。

C．不，绝对不用。

D．或者吧

E．无所谓。

5．想象一下，一个小仙女出现在你的面前，她说可以满足你的一个愿望，你会怎么想？

A．好，我会想一想。

B．才只有一个愿望？

C．小仙女？我才不信。

D．先证明给我看吧！

E．太幼稚了！

评分标准：

1．A（4）　B（3）　C（2）　D（0）　E（1）

2．A（2）　B（1）　C（0）　D（3）　E（4）

3．A（2）　B（3）　C（0）　D（1）　E（4）

4．A（4）　B（1）　C（3）　D（2）　E（0）

5．A（0）　B（1）　C（3）　D（2）　E（4）

15分以上：你觉得人生很压抑。失败和痛苦的记忆深深印在你的脑海里，挥之不去。你无法原谅自己的失误，不能忍受自己解决不了的问题。虽然你也有过成功的经历和快乐的体验，但是现在那些对你来说不值一提。你对自己的要求很严格，实际上这些要求已经成为对你的束缚，让你无法挣脱出去，让你无法体验平凡而简单的快乐。

要想获得快乐，你首先应该打开你的心结，摆脱属于过去的不良情绪对你的纠缠。然后，检讨你的人际关系，与那些给你鼓励的、让你心情愉悦的朋友保持友好关系，远离那些反对你、贬低你，或者让你感到沮丧的、对你产生负面影响的人。最后，不要难为自己，不要对自己要求过高，不要做不喜欢的事。你的生命应该为你自己服务，不要做名利等身外之物的奴隶。

7～15分：你知道困难和挫折是暂时的，不会在消极的情绪中沉溺太久。虽然有时表现得有点脆弱，比较在意别人的看法，但是你对自己有一定的自信。你对成功有所期待，相信经历过风雨之后就能够看到彩虹。因此，当结果不像你想象得那么完美的时候，你就会感到失望和丧气。失败的经历让你不敢对未来进行大胆的设想。

你要知道生命的历程如流水一样后浪追前浪，没什么是值得过分在意的。不要担心失败，设想一下人生的大目标和几个比较现实的愿望。不管结果如何，只要你大胆地去追求，就会给你带来快乐的体验。不要总是期待别人的赞许，你应该为悦己而活。让快乐的念头常驻你的脑海，时时刻刻体验愉悦的心情。

7分以下：你是一个开朗而洒脱的人，懂得欣赏自我。你有很多兴趣，懂得从简单的生活中体味快乐。你认为生命是一种恩赐，应该尽量享受生命的美好而不是抱怨种种不如意。你的快乐甚至会感染到周围的人，帮他们摆脱烦恼，获得快乐。

继续做你自己吧，快乐的心境是用金钱买不到的。能够时时体验到快乐的人是幸福的。人活一世有哪些东西是真正有意义的呢？快乐的心情可以让你生命中的每个瞬间都活得有价值。不用太在意别人对你的评价，只要自己觉得好过便可以了。

在生命历程中，每个人都难免会遇到大大小小的挫折和失败。不幸的遭遇必定会引起我们悲伤、痛苦，甚至绝望的体验。短暂的消极情绪是正常的，这些体验可以帮助我们成长。但是如果让消极、低落的情绪长时间控制自己，你就会丧失快乐的能力。忧郁的情绪像毒素一样侵蚀你的心灵，让你用否定的眼光看自己，用厌恶的眼光看别人。你像戴上了一副黑色的眼镜，看到的任何事物都那么暗淡而阴郁，好像没有一件事是对的。你对任何事情都失去了兴趣，觉得自己彻底完蛋了。这样的观点会严重影响你的生活、学习和工作。

事实真的是这样的吗？其实，这只是你的心在作怪，转换一种思路，你就能体验到洒脱豁达的人生境界。很多人之所以感到痛苦和绝望，是因为他们对自己要求太高，总是追求完美的境界。然而现实总是让人无奈，总会有各种各样的不如意。忧郁的人无法接受这些不如意，无法容忍种种缺憾。为什么不用一种洒脱豁达的态度面对人生呢？也许佛家的思想可以给我们一些启示。

冬天，寺院的草地枯黄了一片。

小和尚说："快撒点草籽吧，多难看呀！"师父说："随时。"

春天到了，师父买来一包草籽，让小和尚播种。

小和尚刚要种，一阵春风吹过，吹跑了很多种子。

小和尚大叫："不好了！种子被风吹走了！"

师父说："被吹走的种子多半是空的，种下去也不会发芽。随性。"

刚撒完种子，就飞来几只小鸟啄食。

生命历程中，最重要的是顺其自然，把握机缘。

小和尚大叫："天啊！种子都被鸟吃了！"

师父说："种子多，吃不完。随遇。"

晚上一阵暴雨袭来，小和尚说："完了，好多草籽被雨水冲走了！"

师父说："冲到哪里就在哪里发芽。随缘。"

几天之后，荒地上长出了嫩嫩的绿芽，在

没有播种的地方也有星星点点的草苗。

小和尚拍着手说："太好了，草长出来了！"

师父笑着说："随喜！"

"随"的意思是顺其自然、把握机缘。不与自然界的客观规律等不能改变的事情作对，但是又能适时地采取行动。不论结果如何，只要自己尽力了就无怨无悔。不要期待完美的结局，生命注定会有这样或那样的不如意，关键在于你懂不懂得欣赏属于你的风景。

【思路转换】

乐观者于一个灾难中看到一个希望，悲观者于一个希望中看到一个灾难。

第三章

这些思路你有吗

第一节　梦想能不能实现全在于选择

　　小学的老师常常以"我的梦想"为题，让学生写作文。于是孩子们纷纷写出了自己的远大理想，比如，当科学家、医生或者军官，环游世界、遨游太空或者去海底探险等等。五花八门的梦想就像一粒粒种子一样埋在孩子们的心田里。你小时候的梦想是什么呢？你的那粒种子生根发芽了吗？

　　对于很多人来说，小时候的梦想已经被抛到九霄云外了。长大以后根据自己的实际情况，我们又有了比较现实的梦想。比如，从事学术研究、做职业经理人或者自己创建公司等等。这时我们就要面对种种选择，选择行业、单位、地域等等。能否做出正确的选择对于梦想能否实现有非常重大的意义。

　　"种瓜得瓜，种豆得豆"，什么都不种自然什么都得不到。人生应该尽早选择一个目标。如果迟迟不做出选择，就会漫无目的地游荡；如果没有努力的方向，就会失去奋斗的动力，最后只能落得两手空空。同样，如果在几种选择中犹豫不决，又想种瓜，又想种豆，结果就会什么都种不好，因为你不能集中精力做一件事。

选择一条路，关键要选择自己感兴趣的或者自己擅长的，然后一直沿着这条路走下去，你就会成功。

有一位男教师在一所中专教经济学，某天他在图书馆看书有重大发现：列入世界五百强的大公司都是选择了自己擅长的一

■人生的悲喜不在于你遇到了什么，而在于你选择了什么。

个领域，然后一直做下去，不断发展壮大起来。比如世界第一的零售业沃尔玛选择了零售就只做零售，美国通用汽车公司就只做汽车配件，世界首富比尔·盖茨一开始就做出了正确的选择，看准了前景广阔的软件业就心无旁骛地一直做下去。

男教师的妻子经营着一家纽扣店，除了常见的纽扣之外，还卖发卡、头花、胸针等饰品。小本生意，经营得并不怎么样。男人有了新发现之后兴致勃勃地告诉妻子，以后要专门卖纽扣，卖所有品种的纽扣，店再大也不卖别的。妻子听后说："这算什么了不起的发现？不就是开专卖店吗？"男人说："世界五百强都是一些专卖店，可见开专卖店不是你想象的那么简单。试试吧！"从此以后，除了纽扣他们不再卖别的东西。认真研究纽扣市场之后，他们逐渐扩大店面规模，很快他们的纽扣店囊括了所有种类的纽扣。一段时间之后，做纽扣生意的人都和这家店有联系，因为他们的纽扣品种齐全。男教师成了远近闻名的"纽扣大王"。

男教师有一个女儿，成绩比较差，没有考上大学，但是她对英语很感兴趣。男教师把"选择一条路走下去"的原则用在女儿身上，请来家教专门教女儿英语。因为是兴趣所在，女儿的英语水平提高很快。在一次外企招聘会上，女儿凭着出色的口语表达能力被聘为翻译，并且有机

会到英国去工作。

懂得选择还要学会放弃。从另一个角度来看，选择就是一种放弃。比尔·盖茨中途辍学选择了创业，对他来说是舍弃了银子，得到了金子或钻石等更有价值的东西。只有懂得"舍得"的艺术，才能取得非凡的成就。

20 世纪 80 年代，一个小伙子大学毕业后被分配国家石油部门工作。有一天，单位来了一位新同事，小伙子带着她去领办公桌。这位女同事左挑右选，竟然挑了一个小时都没有挑好。小伙子不耐烦了，说："不就是一张办公桌嘛，差不多就算了。"女同事答道："我刚开始工作当然要选一张好的办公桌。这张办公桌要陪我一辈子呢！"

这句话也许是年轻的女同事随口说出来的，但是却对小伙子产生了巨大的影响。一想到自己的一生都要过这种"一张报纸一杯茶"的日子，小伙子就感到不能忍受。终于，他交出了辞呈，放弃了那时人人羡慕的金饭碗，走上了创业之路。

他就是今天房地产界鼎鼎大名的潘石屹。

很多人之所以不能大胆地做出选择，是因为他们总是患得患失。谁都清楚自己宝贵的生命只有一次，在事业、婚姻等对人生影响重大的问题上如果选择错了，可能会造成终生的遗憾。但是人生就是一个不断选择的过程，如果你早些做出选择，也许还有另一次选择的时间和机会。如果选错了方向也会遇到走不通的情况，这时你就需要绕道前行或者换一个方向。

梦想要一步一步地实现，不要幻想一口吃成胖子。

你可以把自己的目标分成几个阶段，每当达到一个阶段的时候，你可以为自己小小地庆祝一下，但是切忌停步不前。如果你满足现状，就会让你最终的梦想落空。即使你以前的梦想实现了，也不应放弃人生的追求。你应该制定新的目标，攀向人生的最高峰。

【思路转换】

改变命运不是靠机遇，而是靠选择。

第二节 危险的人生有时是最安全的

《孙子兵法》中有"投之亡地然后存，陷之死地然后生"的说法。陷入困境的将士，为了保命，往往能发挥出最大的战斗力，让敌人无法抵挡。

传说一次李广夜出巡视时，猛然看到一只老虎卧在树林的草丛里。李广大惊失色，赶紧拉弓射箭。他觉得射中了，但是已经没有力气去看，只好先回到住处。第二天早晨，他带人去寻找"死虎"，结果发现李广看到的老虎原来是一块黑黝黝的大石头。那形状还真像卧在地上的老虎。再看那支箭，箭镞竟然深深地射进石头里了。众人纷纷称奇。李广再次引弓射箭，但是无论使多大的劲，也射不进石头了。

人们在危险的环境中，受到惊吓和刺激，精神就会保持高度紧张，变得比以前更加机敏，更加有力量。这种现象在医学界被归结为肾上腺激素起作用。不管是人还是动物，受到惊吓时会产生大量的肾上腺激素，从而释放出超常的能量。

澳大利亚草原上经常有狼群出没，吃了牧民不少的羊，使牧民受到很大的损失。牧民们于是向政府求救。政府为了牧民的利益，派军队将狼群赶尽杀绝。没有了狼的威胁，羊群的数量不断增加，牧民们非常高兴。可是，几年之后，羊的数量开始锐减。羊群变得体弱多病，而且繁殖能力也大大下降。羊毛的质量也大不如从前。因

■危险的人生有时却是最安全的。

为羊群没有了天敌，在安逸的生活中失去了活力，变得萎靡不振。再加上羊群的数量太大，使草原上的草遭到破坏，羊群没有了充足的食物，体质自然会下降。牧民们发现失去天敌之后，羊的繁殖基因也退化了。于是，又请求政府再引进野狼。狼群回到了大草原。在危险的环境中羊群又变得健康、活泼了。

活的沙丁鱼比死的沙丁鱼的价格高出很多，聪明的渔民为了让沙丁鱼活着回到海港，在装满沙丁鱼的鱼槽里放进一条专吃沙丁鱼的鲶鱼。这在管理学上被称为"鲶鱼效应"，用来激发员工的潜能。销售领域的"末位淘汰制"就是一个很好的例子。谁的业绩最差谁就要被淘汰，看似残酷的机制恰恰能给销售人员带来危机感，刺激他们不断努力。相对而言，以前那种吃大锅饭的机制，却会造成死气沉沉的局面。企业管理者招聘思维活跃的年轻人进入管理层，可以让因循守旧的老员工感到紧张，给他们带来竞争压力。

可以说，环境无所谓危险还是安全，因为环境是不断变化的，真正能保证你安全的是你的能力。当环境发生变化之后，只有过人的能力才能让你在社会上立足。

伟大的思想家孟子有一句警世名言："生于忧患，死于安乐。"危险的环境可以磨炼你的意志，让你变得更加敏锐、更加坚强。相反，在安全的环境里不用努力就可以过得很舒服，人就会变得懈怠。温室里的花朵经不起风吹雨打，温柔富贵乡是滋生腐败堕落的温床。

古人说："忧劳兴国，逸豫亡身。"历代王朝的兴衰更迭都在告诉我们这个道理。开国皇帝在乱世中脱颖而出，经过艰苦的征战才赢得天下，历尽危险之后他们变得英勇、智慧而有权谋。为什么有着雄韬伟略的开国君主的后代会变得懦弱无能呢？就是因为帝王的后代有与生俱来的权力，过着衣来伸手、饭来张口的日子，过于安逸的生活让他们丧失了求生的本能，一旦遇到叛军谋反只好把大好河山拱手送人。新王朝建立之后仍旧如此，这样就形成了王朝更迭的周期性怪圈。当年黄炎培问毛主席，共产党如何能跳出这个怪圈，毛主席的回答是："我们已经找到新路，我们能跳出这周期律。这条新路，就是民主。只有让人民来监督政府，政府才不敢松懈。只有人人起来负责，才不会人亡政息。"有了人民的监督，政府就不能懈怠，时刻保持警惕才能防止腐化。

国家如此，对家族来说何尝不是这样。俗话说："富贵不过三代。"富贵人家的后代不用为自己的生计发愁，没有任何本事也能活得很好，但是如果出一个败家子，就算富可敌国也很容易被挥霍一空。

如今的富豪们已经意识到"巨额遗产害子孙"的道理，他们认为太多的财产会让孩子们有所依赖，不利于孩子成才。美国有线电视公司的老板约翰·马隆准备把 15 亿美元的家产全部捐给慈善事业，而不给自己的子女留下一美分。英国房地产巨商彼得·德萨瓦里也宣布说，他死后，价值 2400 万英镑的遗产将全部用于兴办英国的图书馆业，而他的 5 个女儿不会从他那儿得到一个便士。

很多家长太爱护自己的孩子，一切都给他们安排得妥妥当当，生怕他们遭遇危险。其实，这样反而会害了他们。

【思路转换】

不要抱怨你的处境太危险，这是你成长的大好时机。

第三节　不冒险的人
只能感受别人的精彩

在追求成功的道路上，那些敢于吃螃蟹的人会成为新兴行业的泰斗。虽然也有后来者居上的可能，但是那些一直保持观望态度的人，看到别人取得成功之后再采取行动的人，就没有多少好处可捞了。因此，不要让恐惧和迟疑阻止你前进的步伐，不要等待别人推动你前进，你必须赶在别人的前面行动起来，这样才有可能获得成功。

在商界，总会有新的商机不断涌现，有些人善于把握商机，于是成功了。但是真的只有那些成功的人独具慧眼，看到了商机吗？不是这样的，其实不少人都看到了商机，但是有一些人不敢冒险，一直保持观望的态度，结果只能眼睁睁地看着别人取得成功。

敢于冒险并不一定会成功，但是如果不冒险，你就只能像大多数人一样庸庸碌碌地度过一生。

勇于冒险的美国人利奥·巴士卡利雅说："冒险当然有带来痛苦的可能，但是不冒险的空虚感更痛苦。"他年轻的时候放弃了优越的工作，决定去环游世界。周围的人都说他太疯狂了，早晚会为此后悔的，而且拿不到终生教职。但是他毅然上路了，结果回来之后他找了一份更好的工作，还拿到了终生教职。后来，他打算在加州大学开一门"爱"的课程，别人认为他肯定会失败的，但是他还是开了。结果，不但这门课在学校里很受欢迎，而且他还被邀请到电台和电视台举办有关"爱"的讲座。他在美国公众的心目中成了爱的使者。他认为每一件值得做的事都是一次冒险，如果因为怕输而停步不前，就失去了人生的意义。

巴士卡利雅的成功对于那些曾经阻止他的人来说不正是一个很好的讽刺吗？

■富于涉险精神，挑战自己。

如果你不想成为别人的观众，就应该演绎一段属于你自己的传奇故事。

美国电影《燃情岁月》中，男主角崔斯汀是一个狂放不羁的人，他心中充满了征服自我、征服社会的力量，一生都过着危险的生活。他在军人和猎人的教育下长大，体内流淌着野性的血液。很小的时候，崔斯汀就独自狩猎。在一次与大狗熊的搏斗中，他切下了一头熊的脚趾。一战爆发后，他与哥哥和弟弟一同参军，到欧洲战场作战。弟弟塞缪尔被战争夺去了生命，崔斯汀违反军规潜入敌方，割下敌人的头皮为弟弟报仇。

他无所顾忌地爱上了弟弟的未婚妻苏珊，但是弟弟的死让他很不安。他选择了离家出走，没想到回来之后，苏珊已经嫁给了他的哥哥艾弗雷德。于是崔斯汀娶了从小就暗恋自己的印第安人的女儿——伊丽莎白二世。不幸的是在一次返城的途中他的妻子被人误杀了。崔斯汀浑身战栗地带着自己幼小的儿子去为妻子复仇。最后，他在浪迹天涯的时候，在山林中被一头熊杀死了。

他的哥哥曾经沮丧地问他："你不遵守一切规则，无论是人的还是神的，可为什么大家都喜欢你？"

是的，我们喜欢那些豪放不羁的人，从那些人身上我们可以感受到自己没有体验过得精彩。同时，我们又为自己不能率性而为而感到痛苦。就像艾弗雷德那样，过着和大多数人一样稳稳当当的日子，但是显然他羡慕崔斯汀的生活方式。然而，我们从小就被训练得循规蹈矩，不走人迹罕至的道路。我们的潜意识让我们与大多数人保持一致，结果我们只能过着不好不坏的日子，看到别人取得成功的时候只能由衷地感叹一番。

演艺界最耀眼的一颗离经叛道的明星要数麦当娜了。像很多成功人士一样，麦当娜的成功富有传奇色彩。在大学二年级时，她辍学了，带着仅有的 35 美元和对成功的渴望只身跑到纽约著名的"时代广场"打天下。打破常规，另辟蹊径，不受任何陈规陋习约束的个性让她取得了巨大的成功。麦当娜被《福布斯》称为"美国最精明的商界妇女……演艺界最富有的女性"。她的照片出现在除了宗教类杂志以外的各种杂志上。她藐视一切传统价值观念和道德观念，她的反叛似乎没有极限。

很多家长无法理解自己的少年子女为什么对这样一个人崇拜得五体投地。其实，道理很简单，麦当娜的反叛个性迎合了青少年的叛逆心理。通过对麦当娜的不羁行为的赞赏，他们可以宣泄对社会成规的不满。她是向往着精神自由的青少年的偶像。

我们并不主张每个人都像麦当娜那样无视社会规范和伦理道德的约

束，而是要学习她那敢于涉险的精神。

【思路转换】

与其透过别人来感受精彩，不如创造出属于你自己的辉煌。

第四节　可以后悔做过的事，
不能后悔没做过的事

你有没有为做过的事感到非常后悔？

比如，你后悔小时候离家出走，因为你过了几天挨饿受冻的日子；后悔曾经和小伙伴一起捅马蜂窝，导致你的脸被蜇得火辣辣地疼；后悔向你暗恋的人表白，因为你被拒绝了；后悔自己鲁莽地创业，因为赔了很多钱。这些经历给你带来了痛苦，你确实应该后悔。

你有没有为一些没有做过的事感到后悔？

比如，后悔有一次你很想离家出走，但是对未卜的前途感到害怕使你最终没有下决心；后悔没有和小伙伴一起捅马蜂窝，虽然他们被蜇了，但是看起来他们玩得很开心；后悔没有向你暗恋的人表白，因为你害怕被拒绝；后悔没有尝试自己创业，因为害怕失败。真是遗憾啊！你没有体验过离家出走的洒脱、捅马蜂窝的刺激、向心爱的人表白时激动的心情，以及艰苦创业的辛酸与喜悦。

没有做过的事会时时折磨你，让你常常幻想如果当初做了那件事，结果会怎么样呢？也许那个漂亮的女孩子现在就是你的妻子，也许你创业成功，成为一个身价上亿的企业家……但是现在你只能为没有做这些事而后悔。

事实上，很多人最后悔的就是没有做某件事。比利时的《老人》杂志曾经对年逾花甲的老人们进行一项调查，想看看他们最后悔的事是什么。结果发现他们一生中对以下几件事最为后悔：

72%的老人后悔年轻时努力不够，以致事业无成。

67%的老人后悔年轻时错误地选择了职业。

63%的老人后悔对子女教育不够或方法不当。

58%的老人后悔锻炼身体不足。

56%的老人后悔对伴侣不够忠诚。

47%的老人后悔对双亲尽孝不够。

41%的老人后悔选错了终身伴侣。

36%的老人后悔自己未能周游世界。

32%的老人后悔自己一生过于平淡，缺乏刺激。

11%的老人后悔没有赚到更多的金钱。

仔细看看这个结果，你就会发现一个很有意思的现象：除了选错职业和选错伴侣之外，他们后悔的都是没有做过的事。也许如果做了这些事，他们的生命就会更加绚烂多彩。所以，如果你很想做某件事，就大胆去做吧！不要等到老了，没有精力去做的时候再后悔。

有一天，37岁的美国人迈克·英泰尔问了自己这样一个问题：如果有人通知我今天是我的死期，我会后悔吗？答案竟然是那么的肯定。尽管他有一份不错的工作，关心他的亲友，漂亮的同居女友，但是他发现自己的生活过得平平淡淡，从来没下过什么赌注，从来没做过什么疯狂的事。从小就有很多事让他感到恐惧，他怕保姆、怕邮差、怕鸟、怕猫、怕蛇、怕蝙蝠、怕黑暗、怕城市、怕荒野、怕热闹、怕孤独、怕失败、

■尝试做你真正想做的事，不要给短暂的人生留下遗憾。

怕成功……几乎无所不怕。恐惧感让他害怕做任何事。

　　他厌烦了自己懦弱的前半生，决定做一件疯狂的事：孤身横越美国。他放弃了薪水优厚的工作，把身上仅有的3美元捐给了街头的流浪汉，带了几件干净的内衣裤，从加利福尼亚出发前往美国东岸北卡罗来纳州的"恐怖角"。出发之前，奶奶送给他这样一句话："你一定会在路上被杀死的。"

　　结果，他成功地穿越了4000多里路，到达了恐怖角。在路上，他曾经在风雨交加的夜晚睡在潮湿的睡袋里，也曾靠打工换取在游民家庭住宿。他仰赖82个好心人赠予的78顿饭，完成了艰辛的旅程。到达目的地后，他发现原来恐怖角并不恐怖。这个地方是16世纪的一个探险家发现并命名的。

　　迈克·英泰尔说："我现在终于知道为什么自己一直害怕做错事，我不是恐惧死亡，而是恐惧生命。"

　　人们之所以为一些没做过的事后悔，是因为他们当时不敢去做。就像迈克·英泰尔那样，他们"恐惧生命"，害怕失去，害怕落入低谷。平顺的人生有什么意思？有高峰有低谷的人生才更精彩。虽然他们也羡慕那些活得洒脱的人，但是他们没有勇气去尝试。有什么好害怕的呢？即使你失败了，天也不会塌下来。

　　有一个年轻人想做一件事，但是由于种种担心，总是下不了决定。

　　他向父亲请教："爸爸，我到底要不要做这件事啊？"

　　父亲问他："如果你做这件事会有生命危险吗？"

　　他回答说："那倒不会。"

　　父亲说："儿子，大胆去做吧，不然你会后悔的。"

　　即使你不喜欢太刺激的生活，只想过平平淡淡的日子，你还是应该不时地考虑一下自己可能会错过什么。有些事情该做的时候就及时去做，不要往后拖。给自己一些时间，想一想生命中哪些事情是更本质的，哪些东西是更值得珍惜的。不要等到在生命走到尽头的时候后悔"那些该做的事还没有做"。

【思路转换】

　　先去经历再说，不要给自己短暂的生命留下遗憾。

第五节 保持与众不同的希望

你会不会经常说："我希望……"你所希望的事肯定是好事，而且是现在没有的事。如果这件事实现的话，对你大有益处。但是，你有没有想过这么好的事也是别人所希望的。

人人都渴望成功，大家都选择那些最热门的行业，最有前途的领域。但是僧多粥少，竞争激烈，如果你没有超过常人的本领，要想取得成功是相当困难的。所以你应该另辟蹊径，选择那些别人不太关注的行业，这也许更有利于你发挥潜力。

十几年前的一天，报考北京广播学院导演系的学生们正忙着准备下一个考试题目——演一个名为《遭遇抢劫之后》的集体小品。考生都希望能最大限度地发挥自己的演技，纷纷选择适合自己的角色。他们争着演那些引人注目的主角警察、打电话报警的人、损失最大的人……

与这些争做主角的人相比，一个其貌不扬的小伙子引起了老师的注意。他一直站在原地，好像不知道自己要演什么角色，在等着别人给他安排似的。一个老师过去问他想演什么角色。他怯生生地说："我扮演看热闹的。"这个答案让老师们很感兴趣，这么一来不就有了戏中戏了吗？

对表演艺术情有独钟的学子们在表演过程中各施所长，力求表演得惟妙惟肖。大家用生动的表演展现了一个十分逼真的场景。而那个小伙子站得离那些或慌乱、或气愤的人有一段距离，东瞅瞅，西看看，一副很感兴趣的样子。他的角色调和了整个戏的紧张气氛，让这个小品更有趣味性。一位老师这样评价他的表演："他的冷门角色让别人都为他当了配角。"

结果，连这个小伙子自己都没想到，这个作为旁观者的小角色让他成为唯一的入选者。当年的那个小伙子就是今天人们所熟悉的著名节目主持人毕福剑。

这个真实的故事告诉我们，如果一味地凑热闹，去争那些大家都在争的东西，那么你很难脱颖而出。相反，那些被人忽略的，大多数人不屑一顾的东西却往往能带给你意想不到的收获。

俄国作家契诃夫说得好："有大狗，也有小狗。小狗不该因为大狗的存在而心慌意乱。所有的狗都应当叫，就让它们各自用自己的声音叫好了。"人们惯于模仿，既出于一种惰性，更出于对先贤圣哲的追捧。但是对好的东西的模仿很容易堕落成一种媚俗，失去自我，人为我为，而且在先贤们和周围人的压力下，大概没有人敢喊出自己的声音。

欧文·柏林与乔治·格希文第一次会面时，已是声誉卓著的作曲家了，而格希文却只是个默默无名的年轻作曲家。柏林很欣赏格希文的才华，以格希文所能赚的三倍薪水请他做音乐秘书。可是柏林也劝告格希文："不要接受这份工作，如果你接受了，最多只能成为欧文·柏林第二。要是你能坚持下去，有一天，你会成为第一流的格希文。"

莎士比亚曾经说过："你是独一无二的。"一个人只懂得模仿他人最终的结果只有一个——失去个性。而个性是人之为人的最基本因素，没有个性便没有独立的人格，没有深邃的思想，更没有创造力。

卓别林开始拍电影的时候，那些电影导演都坚持要卓别林学当时非常有名的一个德国喜剧演员，可是卓别林直到创造出一套自己的表演方法之后，才开始成名。鲍勃·霍伯也有相同的经验。他多年来一直在演歌舞片，结果毫无成绩，一直到他发展出自己的笑话本事之后，才成名。威尔·罗吉斯在一个杂耍团里，不说话光表演抛绳技术，继续了好多年，最后他才发现自己在讲幽默笑话上有特殊的天分，他开始在耍绳表演的时候说话，才获得成功。

■保持与众不同的希望，获得不一样的人生。

身价亿万的香港富豪霍英东当年也是靠冷门思维发家致富的。香港作为世界上举足轻重的经济贸易港口和东南亚重要的交通枢纽，建筑行业发展很快。很多人看到搞建材有利可图，纷纷投身于建材市场。但是与建材市场紧密相关的河沙市场却无人问津。因为海底捞沙工作量大，而且利润有限，那些想赚大钱的人对此不屑一顾。这使建材市场留下了一个空档，霍英东看准了这个空当决定大干一番。

他分析了市场需求和发展前景之后，觉得应该能够赚钱。于是他从欧洲购进先进的淘沙机船，这种新型的挖沙船 20 分钟就可以挖出 2000 吨沙子，大大提高了劳动生产率。先进机器的使用还降低了用工量，改进了工作方法。很快，被人们冷落的河沙市场给霍英东带来了滚滚财源，他成了香港最大的河沙商。当别人看到他的成功想效仿的时候，他已经取得了香港海沙供应的专利权了。

也许你没有资金、没有技术、没有门路，但是这些并不能阻碍你获得成功。只要你的成功欲望够强烈，你就可以做到与众不同。强烈的成功欲望会给你带来灵感和创意，把你和别人区别开来。

江西省铜鼓县一位农民的成功之路也许可以给我们一些启示。这位农民有强烈的成功欲望，他不甘心过一辈子单调而贫困的农民生活。他也曾到城市打工，希望打造出一片属于自己的天地，但是残酷的现实打破了他的梦想，他又回到了家乡靠几亩薄田度日。

有一年清明节，他去给祖先上坟，回家的路上他在草丛中发现了一窝野鸡蛋。野鸡蛋一共有 12 枚，如果拿回家把它们炒了，倒是一道可口的菜肴。把鸡蛋炒了当下酒菜，这应该是一般的农民的想法。但是这位农民的梦想不是得到美味佳肴而是发家致富，发家致富的欲望给了他灵感。蛋生鸡，鸡生蛋，为什么不用上天赐给他的野鸡蛋办起养殖场呢？

他对这 12 枚野鸡蛋进行了孵化，结果孵出了 8 只雏鸡，其中有 6 只母鸡。后来他用 6 只母鸡下的蛋继续繁殖，两年之后他已经有 300 只野鸡了。他的野鸡蛋在附近是独一无二的，他把价格定为普通鸡蛋的两倍，但是买的人还是络绎不绝。很快，他就摆脱贫困，过上了小康生活。

一个商人看中了他的野鸡，打算买下他的养殖厂，开价2万元。换做一般的农民，也许会欣喜若狂，但这位农民是个聪明人，看出了野鸡市场有前途。于是他把卖鸡蛋挣来的钱用来扩大野鸡厂的规模，并且从猎户手中收购各种活野鸡，进行杂交和繁殖。以后，他不仅卖鸡蛋，还向各大饭店卖鸡肉。扩大规模之后，他的产品不仅面向当地的人们，而且远销到北京、上海、广东和香港等地。几年之后，他成了拥有100多万元的富商。

野鸡蛋和野鸡在那个地区很常见，但是对于那里的大多数农民来说，野鸡蛋是用来吃的；对于那里的猎户来说，野鸡只能去山上打，然后一只一只地卖。这位成功的农民所希望的和他们不一样，他想要的是一份事业，所以他成功了。

如果你的希望和别人一样，那么你的成就也只能和别人一样。要想获得不一样的人生，就得抱持与众不同的希望。

【思路转换】

成功者抱持与众不同的希望，天才做与众不同的事情。

第六节　尽管去做，边做边调整

你有"完美病"吗？你是"100分主义者"吗？在做好充分的准备之前，你会不会采取行动呢？"万事开头难"，人们往往理解为起步的最初阶段比较困难。其实最难的是迈出第一步，不管做任何事，勇于开始最为重要。

小张和小王是同学，大学毕业之后一起进入了一家集团公司。公司领导倡导员工发挥创造性，两个年轻人觉得找到了一展宏图的平台，都想发挥自己的创造性，为公司做贡献。小张思维敏捷、头脑灵活，刚进公司时给大家留下了好印象。小王也很努力，但是不像小张那样聪明。但是一年之后，在做工作总结的时候，小王以优异的业绩受到领导的高度表扬和奖励，小张却因为业绩平平受到了批评。

　　造成这种结果的原因是，小张虽然点子很多，但是总是停留在构想阶段。有些点子很好，但是在他付诸实施的过程中，遇到条件不具备的情况，他就立即宣布放弃，再去寻找别的办法。结果，他想到很多好办法，但是没有一个付诸实践，自然不会给他带来任何效益。小王则不是这样，他有了一个好想法就会立即付诸实践。即使条件不具备，他也会毫不犹豫地去做，一边做一边调整方法或者创造条件。虽然他的办法未必是最好的，但是他成功地把方法用于实际工作之中，给他带来了可观的效益。

　　一旦有好的想法就要立即付诸实践。如果追求完美，你就永远也找不到解决问题的方法。

　　爱默生说："要去一个地方，可以有 20 条路，其中有一条是捷径，不过还是立刻踏上其中的一条吧！"虽然"条条大路通罗马"，但是如果你想去罗马，就应该朝着罗马的方向尽快启程，而不是把时间花费在寻找最近的那一条路上。路应该一边走，一边找。

　　近代科学的鼻祖伽利略就是通过不断调整自己所学的专业，最终创

■边做边调整是成功之道。

立新的天文学和物理学的。伽利略的父亲是一个有名的数学家，但是他觉得学这一行没饭吃，不让伽利略学数学，而让他学医。伽利略按照父亲的要求选择了医学专业。

当时的意大利处在文艺复兴时期，伽利略到大学以后发挥了自己绘画的特长，曾被教授和同学们捧誉为"天才的画家"。他也很得意，父亲要他学医，他却发现了美术的天分，于是在美术领域他有所涉猎。他读书的大学在佛罗伦萨，那里是一个工业区，工业界领袖希望大学多造就一些科学人才，鼓励学生们学习几何。于是这所大学特为官僚子弟开设了几何学。有一天，伽利略从教室旁边过，于是驻足听讲。那些官僚子弟大多在打瞌睡，而年轻的伽利略却对几何学发生了浓厚的兴趣。于是他不断地学习下去，最后改学数学专业。由于浓厚的兴趣与过人的天分，他广泛涉猎，不断调整自己的研究方向，终于创立了新的天文学、新的物理学，成为近代科学的开山鼻祖之一。

做了再说，边做边调整，这是成功者的创业之道。市场经济环境充满了变数，方方面面的利害关系很难得出精确的结论。等你花时间去做考察，最终确定某项投资能够获利的时候，说不定机遇已经过去了。也许做某件事的条件不齐全，但也应该充分利用现有的资源去做，然后一边做一边调整。如果等到所有条件都具备了再采取行动，往往成不了事。

世界上没有四平八稳的生意，任何一个经营策略都是风险与机遇并存的，如果你想找到没有风险的经营策略，那是白费心机。即使有那样的策略，也不会给你带来太大的效益。

在射击界有一个"准备、射击、再瞄准、再射击"的原则。第一次射击之后，就有了参照物，通过调整可以做出更精确的瞄准。经营企业也是一样，实施一项计划之后，可以根据实施的结果对计划进行调整，从而更有效地让计划发挥作用。

无论是给别人打工还是自己创业，进入一个新的行业都需要边学习边积累经验。很多人因为自己对某行业不精通、没经验，而迟迟不肯从事相关的工作或者不敢在那个行业进行投资。投身进去之前进行学习和了解是必要的，但是如果坚持等到自己有百分之百的把握之后再投身进去，就会错过机会或者永远也不会投身进去。

如果没有百分之百成功的把握就采取行动，当然有可能失败，但是很多时候，这种失败是必要的，因为成功是不断从失败中吸取经验教训而取得的。

【思路转换】

现在不做等于永远不做。

第七节　目标和野心决定人生的高度

有人说成功的道路是由目标铺成的，每个人都应该给自己的人生设立一个目标。有大目标的人有大成就，有小目标的人有小成就，没有目标的人必定没有成就。你是哪类人？你有没有对自己的未来做一个规划？五年之后你将取得什么样的成就？十年之后你将取得什么样的成就？

你想取得的成就越大，你需要设定的目标就越高，也就是说你要有野心，要有企图。野心和企图会转化成强大的行动力，推动你不断向前。只要你稍稍了解一下当今世界上的成功者，比如比尔·盖茨、洛克菲勒、李嘉诚等等，就会发现他们个个都是野心家。所谓野心，并不是要权谋、干坏事，而是把自己的人生目标定得很高。

设想一下，现在你是一个 19 岁的大学生，如果没有父母的资助，你自己连学费都交不起。那么你有没有野心用 1 年的时间赚到 100 万美金？也许你会说根本不可能，但是确实有人做到了。这个人就是被誉为"互联网投资皇帝"的孙正义。

19 岁那年孙正义是一个留学美国的穷学生。当他的父母无法负担他的学费的时候，他决定靠自己的双手养活自己，并且制定了一个 50 年的人生规划。在这个规划中他写道：40 岁之前至少赚到 10 亿美元。

开始时，他也有过到餐馆打工的想法，但是很快就放弃了这个想法。因为那样做离他的目标太远了，很难实现他的规划。冥思苦想之后，他决定向松下幸之助学习，通过发明创造敲开成功的大门。他强迫自己想出各种发明的点子，然后认真记录下来。一段时间之后，他整整记录了250页各种设想。

经过仔细的筛选，最后他选择把"多国语言翻译机"付诸生产。他认为这种产品能够带来很好的效益。但是，他不懂得怎么组装机子。还好，有野心的人就有动力，有动力就有解决问题的勇气和方法。他向小型电脑领域的专家阐明自己的构想，向他们寻求帮助。很多专家学者都拒绝了他，最后，一个名叫摩萨的教授对他的设想比较感兴趣，答应帮助他，并专门成立了一个研究小组。

技术问题虽然解决了，但是研究经费从哪出呢？他凭着三寸不烂之舌说服研究小组的成员，等他把这项技术销售出去之后，再给他们研究经费。产品设计出来之后，他拿到日本推销，顺利地把这项专利卖给了夏普公司，并且被委托继续研发法语、西班牙语等7种语言的翻译机。这笔生意让他赚了整整200万美元，当时他只有20岁。

后来，这个身高只有1.53米的小个子男人进入互联网领域，创建了"软银集团"，拥有全球7%的互联网资产。

只要有梦就去追，不要怕别人说你不现实，关键是你自己怎么看待自己的前途，你有没有勇气做一个野心家。从现在开始，你就应该设定人生的目标：先设定终生目标，然后分阶段设定

■心有多远就能走多远。

小目标，比如 10 年目标、5 年目标、3 年目标，以及年度目标。然后制定具体的实施计划，并立即采取行动。

目标是你前进的方向，同时也是你的能力的限制。如果你把目标定在 100 米，你可能会跑 60 米；如果你把目标定在 60 米，你也许只能跑 50 米。因为人们潜意识里认为不大可能实现目标。

一个气功大师能够一下子劈开 8 层砖，一个年轻人就问他："请问大师，您是如何练成这种本事的呢？"

大师笑了笑说："如果你想练，你会选择什么作为练习的目标呢？"

年轻人说："当然是第 8 块砖呀！"

大师说："如果你只把目标定在了第 8 块砖上，那么你就不能把 8 块砖全部劈开，而是只能劈到第 7 块砖。"

年轻人很奇怪，问道："为什么？"

大师回答说："因为你的目标要定得高一点，才能达成。我开始练习的时候和你的想法一样，把目标定在第 8 块砖上，结果练来练去只能劈开第 7 块砖。后来我才发现，如果想要劈开最后一块砖，就必须把目标锁定在我放砖的桌子上，并且我要相信自己可以劈开桌子，然后再一口气用最快的速度劈下去。否则，我的速度和力度只能停在倒数第二块砖上。"

从这个小故事中，我们可以得出这样的结论：把目标定高点，更有助于我们发挥潜力。但是，是不是目标越高越好，野心越大越好呢？当然不是。目标和野心应该以自己的实际情况为依据，在自己能力的基础上进行设定，也只有这样的目标和野心才能转化为动力。

如果你的目标是不着边际的白日梦，你就根本没有办法采取行动，只能让它停留在梦想的阶段。如果你太痴迷于那些遥不可及的梦想，就会引发对现实的不满，给自己带来不必要的压力。

【思路转换】

志存高远！

第八节 别人的批评
会让你好好想一想

当你听到批评的话时，你会有什么反应呢？你会为自己找借口辩解吗？你会指责或反击批评你的人吗？这些不愉快的反应不但于事无补，反而会弄糟你的人际关系。正确的思路是冷静地想一想别人的批评是否中肯，有则改之，无则加勉。如果别人的批评说中了你的要害，你应该感激批评你的人，因为他给你提供了一个进步的机会。至于那些恶意攻击和无谓的批评，就一笑置之吧！

谁也不喜欢被别人批评，那会伤害我们的自尊和自信。但是，俗话说得好："良药苦口利于病，忠言逆耳利于行"。如果你想进步，就应该多听一些批评的话，少听一些赞美的话。当别人赞美你的时候，你会觉得自己做得可以了，足够了，已经很不错了，因而不用再努力了。事实上，如果你再修改一下，再努力一点就会做得更好。

当你向别人请教的时候，不要问别人你做得怎么样。因为不管你做得怎么样，别人都会因为碍于情面而说"做得不错"。你应该问别人自己哪里做得不好，有什么地方可以改进。你的诚恳态度会换来别人对你中肯的批评。当局者迷，旁观者清，别人的意见虽然有可能伤害你的自尊，但是可以让你看清自己的不足。

聪明的人宁可让别人打自己耳光，也不愿别人拍自己肩膀。打你耳光可以让你好好想想如何提高自己的水平，拍你肩膀则会让你放松懈怠。打你耳光虽然会带来暂时的疼痛，但是长远来看，却比拍你肩膀更有好处。真正取得大成就的人不是等着别人来"打耳光"，而是把脸伸过去，请别人打。日本推销之神原一平就是这样做的。

任何人都不是天生就成功的，每个成功者都有自己的成长历程。在原一平的自传中，他讲到自己成长的一个契机。

有一次，原一平去寺庙推销保险，一个和尚很热情地接待了他，并且认真地听他讲解。他心里很高兴，认为这次推销一定能够成功。结果，正当他洋洋得意的时候，和尚说了一句话，如当头棒喝，却又让他受益终生。和尚说："人啊，最好第一次见面就有一种能让人记得住的东西，否则，一生都不会有什么成就。"

原一平虽然感到很不是滋味，但是又觉得人家说得有理，于是就向和尚请教应该怎么做。和尚告诉他应该赤裸裸地注视自己，毫无保留地反省自己，多向别人请教，尤其应该向客户请教自己哪些地方做得不对，哪些地方需要改进。

从那以后，原一平自己花钱组织了一个"原一平批评会"，他邀请自己的客户定期给他提意见。即使穷得揭不开锅的时候，他仍然坚持。客户的批评让他的服务逐渐无可挑剔，他自身的弱点和毛病也一点点地去除。原一平说每开完一次批评会，他就有一种被剥了一层皮的感觉。"原一平批评会"一直持续了6年，他说："我这辈子，充分享受到了花钱买批评的甜头。"

别人的批评很多时候会暴露你的缺点和弱点，虽然开始时你会感到难堪，但是把缺点和弱点剔出之后，你会变得更加完美。如果你对那些缺点和弱点视而不见，放纵它们的存在，那么你就

■善意的批评能够帮助你看清自己，所以，要善于利用自己的耳朵，善于倾听。

永远也不会有进步。

成功学大师拿破仑·希尔认为，在被别人批评的时候，不要养成一种感觉自己是受逼迫的习惯。你应该感谢批评你的人，他的批评能打破你的自负心，让你重新审查自己，克服缺点，不断进步。

美国航业救生公司的总经理查理·皮兹有一次不得不辞退一个很有希望的青年高级职员，原因是他不能接受别人的批评。

这个青年是从基层一步步升上来的。他的工作能力很强，所以提升得很快。后来公司委派他担任工程估价部的主任，负责该公司工程的估价。

有一次，一个速记员查出了他的估算中算错了两千元，于是把详情呈报上级，甚至皮兹也知道了这件事。这个年轻主任听说之后勃然大怒，他找到皮兹说："速记员不应该查问我的核算，即使查到了他也不该提出来。"

皮兹问他："这么说你承认你的核算出错了，是不是？"

他说："是的。"

皮兹说："你应该清楚如果核算出错，会给公司带来很大的损失。但是你为了维护自己的尊严，宁肯掩饰你的错误，让公司蒙受损失吗？"

年轻主任无言以对。皮兹告诉他，一个人如果不能坦然地面对自己的缺点和错误，就很难有大成就。皮兹给了他一次机会，但是大约一年之后，年轻主任的估算又出错了。

他向上级报了一个美国中西部某项工作的两万元估价方案。上司看过他的方案之后觉得不合理，认为这个数目应当再加一倍，于是把这事呈到皮兹面前。皮兹把他叫来问他是怎么回事。结果年轻主任说："我的计算是对的，你这是蔑视我的能力。你是不是为上次的事不原谅我，于是这次特别请了工程师核算，想让我出丑？"

皮兹回答说："那么你自己拿回去再计算一遍吧，看看是不是我让你出丑。"

最后他承认是自己的计算出错了，核实完毕之后，皮兹对他说："你被辞退了，因为你不能接受公正的批评。"

你讨厌别人的批评吗？你有没有冷静想过别人为什么批评你？首先，别人对你不满意才会批评你，也就是说你有需要改进的地方；其次，批评你的人，希望你进步。如果人家觉得你不可救药，就不会花费时间和精力去批评你。当你的上司不再批评你的时候，说明他不再对你抱有希望了。

【思路转换】

感谢批评你的人吧，他能让你更加理智地认识自己，促使你进步。

第九节　不怕做不到，就怕想不到

这个世界上没有做不到的事，只有还没有想到的事。人类之所以能够成为大自然的主宰，就是因为人类会思考，能够想办法，从而把不可能变为可能。人的体力不如牛，视力不如鹰，但是人能够发明各种工具，结果比牛更有力气，比鹰看得更远。

举一个例子：人不能比马跑得更快，但是有人想到骑在马背上，这样就可以和马跑得一样快。但即使是日行千里的良马，跑很长的路也会体力不支。于是有人想到每跑一段路，就换乘一匹精力充沛的马，这样就一直跑得很快了。

也许有人觉得这太简单了，请别忘了我们是站在巨人的肩膀上。很多点子都很简单，关键是你能不能最先想到。一个好点子就能孕育无限商机。当别人想到并做出来之后，你可能会觉得没什么了不起，只可惜别人已经占了先机。

下面这些思路你有吗？

几年前，一位台湾地区商人准备在大陆投资办一个鞋厂。他在大陆鞋类市场进行考察之后，发现市场上的旅游鞋几乎一律是白色的。于是这位老板决定专门生产一种"彩色旅游鞋"。可想而知，这种鞋投产后销路很好，这位台商也从中赚了大钱。

上海某家毛巾厂生产了一种"变色毛巾"，在激烈的市场竞争中占据了一席之地。这种毛巾在干燥的情况下，图案是猪八戒背媳妇，一旦毛巾浸到水里媳妇就会变成孙悟空，离开水之后孙悟空又变回媳妇。这种新颖的毛巾满足了人们好奇的心理，因而很受欢迎，销量比普通的毛巾高出5倍。

一家小饭店的老板为馒头的销路不好而发愁，有一天他灵机一动，为什么不能把馒头做得色香味俱全？于是他让厨师试着把青菜汁、胡萝卜汁、茄子汁和入面中，结果蒸出来的馒头有绿色的，有红色的，还有紫色的，品尝起来还有特殊的香味。他又让厨师蒸出三角形的、四方形的、椭圆形的，以及各种动物形状的馒头。他的新品馒头推出之后，原本冷清的小店变得顾客盈门。

瑞士是钟表王国，但是大多数钟表商都是以金属或者塑料作为表壳。有一家钟表商觉得金属和塑料太常见了，就别出心裁地用石头做表壳。石头上的天然花纹是独一无二的，因此生产不出两块完全一样的手表来。这满足了西方人追求与众不同的心态，因此很受消费者欢迎。每块"石壳手表"的售价高达195美元，但是产品仍然供不应求。

创业的路程不可能一帆风顺，势必会有各种各样的问题拦住你的去路。面对问题的时候，你是会选择退缩，还是想办法解决问题呢？成功者一定会想办法解决问题。

罗斯·佩洛特曾经在计

■没有做不到，只有想不到。

算机公司的龙头老大 IBM 公司担任推销员。在与客户交往的过程中，他发现很多客户没有把计算机的功能充分利用起来。他想到如果能够帮助客户把计算机的潜力发挥出来，就一定能开发一个新的市场。经过潜心研究之后，他向 IBM 公司管理层提交了一个有关数据处理服务市场的分析报告。结果，也许是因为人微言轻，他的报告没有引起足够的重视。

于是，罗斯·佩洛特决定离开 IBM 公司自己创业。但是，资金问题像一座大山一样挡在他面前。没有钱就买不起昂贵的计算机，就没有办法进行服务。在常人看来，没有钱就不能成立自己的公司，但是他想到了一个绝妙的办法。他先在一家保险公司以"批发价"买下该公司 IBM 电脑的使用时间，然后以"零售价"卖给一家无线电公司，并提供给这家公司数据处理服务。那家无线电公司尝到甜头之后给他介绍了几家其他客户，很快就把市场打开了。他成立了电子数据公司，该公司几年之后就成为拥有几十亿资产的大公司了。

大多数人认为不可能的事情，少数人做到了，因此成功的总是少数人。大多数人遇到比较困难的事儿，就觉得无论如何也做不到，于是打起退堂鼓回避问题，根本不去想有没有解决办法。那些取得成功的少数人不会被困难吓倒，他们总能迎难而上，积极思考，想办法克服困难。

【思路转换】

成功者的字典里没有"做不到"，只有"想不到"。

第十节　机遇不是等待，　　　而是寻找和创造

守株待兔的人很可笑。我们都知道要想捕获兔子，就应该拿起猎枪到丛林里去寻找兔子。但是，现实生活中有些人却像那个守在树桩下等

兔子撞死的人一样等待机遇。他们苦苦地等待，却总也等不到自己想要的机遇。于是他们开始抱怨自己的命运不好，最终一事无成。机遇像丛林里的兔子撞上门来的概率一样可以忽略不计。

机遇不拜访懒惰的人，因为当机遇叩响大门的时候，他们却在睡大觉。对于那些一心等待机遇的人来说，即使机遇摆在面前，他们也会视而不见。或者总是挑三拣四，一直等待下一次机会，结果总是懊悔错过的机会。

一个年轻人看上了某农场主的女儿，于是前来提亲。他惴惴不安地向农场主说明了来意。老先生看了看年轻人，然后提出了一个条件来考验他："我从牛栏里连续放出三头牛，你只要能抓住一头牛的尾巴，就可以娶我女儿为妻。"

年轻人听后很高兴地答应了，他来到牛栏外面等着抓牛尾巴。第一头牛冲了出来，它非常凶猛，疯了似的向前冲。年轻人吓得躲到一边，心想，下一头牛也许比较容易对付。没想到第二头牛不但很凶猛，而且更加健壮。他赶紧闪避到一旁，让过了这头牛。他觉得下一头总会比这头好吧。看到第三头牛的时候，年轻高兴地咧开了嘴。这是一头瘦弱的小牛，它慢腾腾地向年轻人走来。小伙子看准时机，跳到牛的身后，正要伸手去抓牛尾巴是却发现，这头牛竟然没有尾巴。

失败者总是抱怨没有机会，因为他们总是等待机会找上门来或者别人送给他们一个机会。消极的等待是很危险的，在等待的过程中你会渐渐丧失勇气和激情。把自己的前程交在未知的机遇手中，你会丧失对自己的信任。

要想得到机遇之神的青睐，你必须具备一双慧眼，首先把它认出来。可以说处处都有机遇，它在等着我们去发现。

在2002年的一次华商大会上，一位杨先生讲了自己发现机遇的经历。杨先生是浙江温州人，年轻时去了欧洲，在一个远房亲戚的饭店里帮忙。饭店倒闭之后，他在一家保健品厂找到了一份推销员的工作。通过自己的努力，他做到了销售主管的职位。那是一家中型企业，产品的

■ "守株待兔"永远等不到机遇，只有不断地寻找和创造才会有所收获。

质量还可以，但是由于知名度不高，销路不是很好。

有一次，杨先生坐飞机出差，很不幸遇到了劫机事件。经过十几个小时的恐慌之后，在各界人士的努力下，终于解决了问题，他可以安全地走出飞机了。就在他准备离开飞机的一刹那，他脑袋里闪过电影里看到的情景：在重大事件发生之后，总会有很多记者来采访。报纸上、电视上都会报道这件事。他想："我为什么不利用这个事件为公司做一次免费的宣传呢？"

真是一个绝妙的主意！他从飞机上找到一张大纸，在上面写下一行显眼的大字："我是 × × 公司的 × ×，我和公司的 × × 品牌保健品安然无恙，非常感谢抢救我们的人！"可想而知，当他举着这样一个条幅从机舱走出的时候，立即就吸引了敏感的记者。他的形象和保健品品牌的名字上了报纸的头版头条。这次劫机事件使他成了明星，很多媒体专门对他进行了采访。

那个免费的广告使他的公司和产品品牌家喻户晓。打电话来了解情况的客户一个接一个，很多客户都下了订单。他回到公司的时候，公司的董事长、总经理和各级主管都站在门口欢迎他。董事长对他说："在那样的情况下，你居然能想到为公司产品做宣传，你是最优秀的销售主管！"董事长当场把他任命为主管营销的副总经理，并奖给他一笔丰厚的奖金。

成功者不会等待机会，也不会祈求别人的帮助，他们懂得能救自己的只有自己，因而他们会通过自己的努力创造机会。

在某次战役胜利之后，有人问亚历山大是否等待下一次机会，再去攻打另一座城市。亚历山大听后竟大发雷霆："等待机会？机会是靠我们自己创造出来的!"如果亚历山大是一个等待机会的人,他怎么可能成为历史上最伟大的帝王?只有不断创造机会的人,才有可能获得丰功伟绩。比如美国总统林肯,他本来是一个出生在穷乡僻壤的孩子,如果他总是等待机会,怎么可能入主白宫?再比如联合国秘书长安南,如果他不给自己创造机遇,怎么可能从非洲穷国加纳的黑小子一跃成为联合国秘书长?

【思路转换】

愚者丧失机会,智者把握机会;弱者等待机会,强者创造机会。

第十一节　要想让别人喜欢你, 就先去喜欢别人

想想看什么样的人比较招人喜欢呢?喜欢是一种情感,任何情感都是有缘由的,你认为哪些理由可以让别人喜欢你呢?

一个女孩子向心理咨询师请教如何让别人喜欢自己。她说:"我很看重人际关系,希望赢得别人的喜欢,可是同学们并不是很喜欢我。我们班上的另一个女孩却很受大家欢迎,不管她当不当班干部,同学们都一样喜欢她。您说,这是怎么回事?"心理咨询师想启发她自己来领悟,于是问她:"你仔细想想,那个女孩做了哪些事才让同学们喜欢她的?"

女孩想了想说:"她喜欢帮助别人,别人有困难就喜欢找她帮忙。"

心理咨询师问女孩:"不错,帮助别人的人容易招人喜欢。帮助别人会让人觉得你是有价值的。想想看,是什么让那个女孩乐意帮助别人,她是真心诚意地那样做,还是仅仅为了逢迎别人?"

女孩肯定地说:"她是真诚的。"

心理咨询师告诉女孩:"所以,要想让别人喜欢你,你就应该主动、真诚地帮助别人。如何才能真诚地帮助别人呢?前提是你必须真心地喜

欢别人。只要你喜欢别人，自然会真诚地帮助别人，别人自然就会喜欢你。那个女孩一定是一个善于发现别人闪光点的人，对不对？只要你用心观察，就会发现别人身上的可爱之处，这样你就能发自内心地喜欢别人了。"

镜子里的人很有意思，你笑他就笑，你哭他也哭。心理学家发现微笑是可以传染的，人们本能地用微笑回报微笑。微笑不分年龄，当一个襁褓中的婴儿对你微笑时，你会对他报以微笑；微笑没有国界，当一个语言不通的老外对你微笑时，你也会自觉地报以微笑。微笑传达的是什么信息呢？它告诉别人："我很开心，很幸福，我希望你也一样开心快乐。"所以，人们喜欢面带微笑的人。相反，如果你整天哭丧着脸，就是在告诉别人："我烦着呢，离我远点。"你也可以做一个小实验：今天你见到每个人都露出灿烂的笑容，明天你见到每个人都哭丧着脸。你肯定会得到两种截然不同的回报，今天的你会招人喜欢，而明天的你会招人厌烦。

山谷回声也很有意思，你骂它，它就骂你；你夸它，它就夸你。基督说："如果有人打你的左脸，你不但不能报复，还要伸过右脸让他打。"可惜，现实中几乎找不到有那样胸怀的人。我们这些凡夫俗子都是以德报德，以怨报怨的。其实这个世界就像镜子和山谷一样，别人就像镜中的人和山谷回声，你怎么对待别人，别人就会怎么对待你。

有一个讲婆媳关系的故事：婆婆和媳妇的关系很不好，婆婆对媳妇横挑鼻子竖挑眼，甚至不惜挑拨儿子和媳妇的关系。媳妇对婆婆也不满意，经常

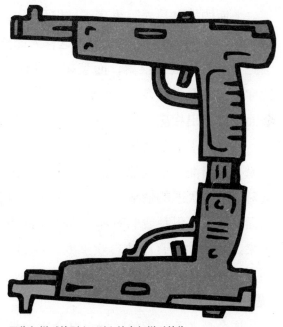

■你怎样对待别人，别人就会怎样对待你。

在背地里说婆婆坏话。有一次，婆婆生病了，正赶上儿子出了远门。媳妇伺候得不耐烦了，于是去找巫婆。她打算向巫婆要一些慢性的毒药，把婆婆慢慢毒死。

巫婆明白了媳妇的来意之后，给了她一包自制的"毒药"，并嘱咐她把毒药放进好吃的饭菜里，面带微笑服侍婆婆吃下。一天三次，服侍得越周到越好，以免婆婆起疑心。半年之后，婆婆就会慢性中毒而死。媳妇高高兴兴地回家了。她按照巫婆的嘱咐，给婆婆做好吃的饭菜，一日三餐耐心周到地服侍婆婆吃饭喝"药"。

一个月之后，媳妇又来到巫婆那里。她一进门就哭着给巫婆跪下，说："求您救救我婆婆吧，我不想她死了。"巫婆笑着问她怎么回事。原来媳妇热心周到的服侍让婆婆很感动，婆婆改变了原来的态度，经常夸媳妇又能干又孝顺。她觉得拖累了媳妇，坚持下床帮媳妇做事。媳妇发现原来婆婆并不是那么可恶，是自己错怪了她。她很后悔当初想要毒死婆婆，于是来向巫婆要解药。巫婆告诉她："我给你的本来就不是什么毒药，只是一些帮助消化的杂粮粉而已。真正的药是周到的服侍和好吃的饭菜。"

上面的故事是弄假成真了，但是现实中那些有好人缘的人都是真诚地、发自内心地喜欢别人，只有这样才能感染别人。如果假装喜欢别人，会把自己弄得很苦很累，而且起不到什么效果。人与人之间的敏感度，比你想象的要强很多，一个细微的表情都会让别人猜想到你对他的态度，从而对你做出相应的反应。

试想一下，如果你告诉一个人你不喜欢他，他会有什么反应？或者如果有人当面对你说他不喜欢你，你会怎么想？你一定会很反感，并且会对他产生厌恶的情绪。现实生活中如果我们不喜欢一个人，当然不会当面说出来，但是我们对那个人的不满情绪会通过神情和言谈举止体现出来。如果你是真心地喜欢别人，你的眼神中就会流露出关爱的信息，别人一定会为你的关爱而感动的。

【思路转换】

这个世界是公平的，付出就会有回报。

第十二节 倾听，足够引起别人的兴趣

和朋友在一起聊天，你说话的时候比较多，还是倾听的时候比较多呢？以后你注意观察一下，看看是你说话的时候别人对你感兴趣，还是你倾听的时候别人对你感兴趣。

上帝赋予我们两个耳朵、一张嘴巴，就是告诉我们要少说多听。有的人为了引起别人的兴趣，总喜欢在人群中高谈阔论，以显示自己渊博的学识、高明的见解。事实上，与你要表述的意见相比，人们对自己的观点更感兴趣。

一个老太太去美国看望她的儿子，老太太只会两句英语：Yes 和 No。有一次，儿子带她去一家小饭店吃饭。中途儿子临时有事离开了一下，这时同桌的一位美国妇女主动和老太太聊天。那位妇女滔滔不绝地说起来，老太太只是偶尔插一句 "Yes" 或 "No"。半个小时之后儿子回来了，这时老太太还在和那位妇女聊天。那位妇女说得兴高采烈，对这个中国老太太很感兴趣，而老太太依旧用那两个词来回答她。儿子诧异地问妈妈："您能听懂吗?"老太太说："听不懂，但是我愿意听。你看，我的样子是不是听得很认真?"

有些人面试的时候，一门心思要给面试官留下好印象，甚至想把自己知道的一切告诉面试官，所以只顾着表现自己的才能和思想。任何人对喜欢夸夸其谈的人都没有好感，面试官也是一样。与其炫耀自己的口才，还不如仔细聆听面试官说些什么，这样更能引起对方的兴趣。

有人可能会说，如果听别人说话就能引起别人的兴趣，那太容易了。请注意，我们说的是 "倾听"，而不是泛泛地听。字典上对 "倾听" 的解释是：细心地听取。听别人说话有三个层次。第一个层次，听者对别人说的话不感兴趣，好像在听，其实在想别的事，或者想辩驳。这种听，是对说话者的不尊重，不但不能很好地沟通，还有可能引起双方的冲突。

第二个层次，听者听到了说话的人所表达的词句，但是忽略了说话者通过语调、表情和肢体语言所表达的情感，因而可能会误解说话者的意思。他们通过点头表示正在听，不对听到的内容进行反馈，这让说话者误以为自己的意思完全被听懂了，并且被接受了。第三个层次，听者细心地获取说话者要表达的信息，包括词句和情感，然后分辨出哪些是自己赞同的，哪些是自己反对的。对于自己反对的观点，他们并不急着辩驳，而是用询问的方式让自己尽量理解对方。

这样的倾听方式会不会把谈话的主动权交给了对方，使自己完全陷于被动的局面呢？会不会对对方有利，对自己没什么好处呢？事实上，学会倾听，对自己有很大的好处。

对销售人员来说，能说会道固然很重要，但是学会倾听同样重要。美国汽车销售大王乔·吉拉德的经历可以让我们引以为鉴。

有一次，乔·吉拉德向一位名人推销汽车，他推荐了一款最好的车型。那人看过之后对那款汽车很满意，并且掏出了 1 万美金的现钞。乔·吉拉德感到很轻松，认为这一单肯定要成交了。但是，没想到顾客突然变卦了。

为这件事乔·吉拉德懊恼了一下午，但是他实在想不出自己哪里做错了。到了晚上 11 点的时候，他忍不住给那位顾客打了一个电话："您好，我是乔·吉拉德，今天下午我向您推荐了一款新车，眼看您就要买了，却突然走了。我知道问题出在我这里，您能不能告诉我哪里做错了？"

对方气愤地说："你知道现在是什么时候了吗？"

■有时，只需要打开你的耳朵。

"很抱歉，我知道现在打扰您太晚了，但是我检讨了一下午实在想不到自己错在哪里了。所以才特地打电话向您请教。"

顾客被他的诚恳态度打动了："真的吗?"

"肺腑之言!"

"很好! 你在用心听我说话吗?"

"非常用心。"

"可是今天下午你听我说话的时候一点都不用心。在签字之前，我提到我的儿子以优异的成绩考到密执安大学念医科。我还提到他的伟大的抱负，我为他感到骄傲，可是你听后却无动于衷。"

对于这些谈话内容，乔·吉拉德一点儿印象都没有，可见他当时确实没有注意听。他以为那笔生意已经谈妥了，便不再关心对方说什么，转而去听办公室里一位同事讲笑话。

听别人说话的时候要专心，你可以通过目光接触、友好的面部表情或者某个放松的姿势来让对方感受到你的专心，这可以给对方带来信任感和安全感。对于没有听懂的内容，要用询问的方式加以确认。但是，如果你不停地问问题，就会让对方觉得你在故意找碴儿。此外，你要及时总结听到的内容，以确认你完全理解了对方所说的话。当你认同说话者的观点的时候，最好通过简单的口语表达出来，比如"哦"、"是这样"、"我明白了"、"真有意思"等等。当你不同意对方的观点的时候，要站在他的立场上考虑问题，不要从你的立场出发，过早地下结论。如果你想了解更多的内容，可以通过说"说来听听"、"我们讨论讨论"、"我想听听你的想法"或者"我对你所说的很感兴趣"等，来带动说话者的兴致。

一个优秀的倾听者实际上是以退为进，以守为攻，他可以不动声色地赢得别人的尊重和喜爱，并且能够得到他想要的信息。学会倾听可以营造融洽的谈话气氛，让你和别人进行有效的沟通，建立良好的人际关系。

【思路转换】

诚意的关注，最容易打动别人的心!

第十三节　别人对你的评价
和你如何呈现自己有关

　　如果别人对你做出邋遢、懒惰、悲观、消极、暴躁等负面的评价，可能你会说"他们不了解我，我不是那样的"。也许你真的不是那样的，但是你一定给别人留下了那样的印象。人们很难了解一个人的内心世界是什么样的，但是人们会根据你的穿着打扮、言谈举止以及做事的风格所传达出的信息对你做出评价。这些评价可能会有失公正，但是它和你呈现出的自己是一致的。

　　去大饭店吃饭或者去大商场购物的时候，穿着廉价劣质的服装的人和穿着国际名牌服装的人，会受到截然不同的待遇。因为人们根据你的着装就可以对你的消费能力做出判断，"以貌取人"在大多数情况下都是正确的。形象大师英格丽·张告诉我们，如果你想成功，首先必须让自己看起来像一个成功者。你要像亿万富翁那样着装，像亿万富翁那样走路，像亿万富翁那样说话，因为只有这样，别人才会尊重你、信任你，给你更多的机会。

　　如果你把自己当作艺术家，并用艺术家的标准来要求自己，那么你的作品就是艺术作品，你在别人的眼里就是一

■别人对你的评价与你所呈现的自我是一致的。

位艺术家。如果你把自己看成一个工匠，用工匠的标准要求自己，那么在别人眼中你也就是一个普通的工匠。

让·穆克1958年出生于澳大利亚墨尔本，原本是一个制作模型的人。他以制作电影、电视以及广告中需要的人体模型为生，也曾参与好莱坞电影特效的制作。他制作的人体模型非常逼真，因而在电影、电视制作领域很受欢迎。尽管如此，他也只是一个制作模型的工匠，他的模型卖得很便宜。到20世纪90年代中期，穆克认为摄影技术不能完美地体现人体的美感，所以他转向用艺术雕塑的形式来真实地展现人体。

穆克采用玻璃纤维树脂作为材料进行人体雕塑。他的作品极其逼真地表现人体的每一个细节，汗毛、皱纹、雀斑、疤痕、青春痘等都很真实地展现出来，皮肤下突起的青筋隐约可见，甚至脚趾脱皮的细节也被雕塑得栩栩如生。为了得到绝对真实的效果，穆克将自己的头发一根根植入雕塑作品中。一次偶然的机会，英国著名收藏家查尔斯·萨契发现了他的作品，被那震撼人心的真实感深深地吸引住了。于是萨契邀请穆克以他的雕刻作品《亡父》参加名噪一时的"震动"巡回展览。巡展之后，穆克成了国际著名的超现实主义雕塑大师。他的作品的价格比原来上涨了近百倍。

穆克之所以能成功，是因为从一开始他就力求尽可能真实地表现人体。他那细致、认真的态度是普通的模型工匠所无法比拟的。

人们常说"金子迟早会发光"，这句话很有道理。但是如果金子被尘土掩盖了光芒，别人怎么知道那是金子？如果萨契没有发现穆克的才华，如果没有那次巡回展览的机会，恐怕穆克的作品就不会得到那么高的评价。因此，要想得到别人的认可，你必须勇于展现自己的才华和能力。不少人很有才华，但是他们不爱表现自己。不管是不擅长还是不屑于表现自己，最终的结果都是埋没自己的才华，得不到别人的认可。只有在别人面前呈现出一个出色的、优秀的自我形象，别人才能对你做出肯定的评价。

在职场中，苦干傻干是不够的，要想从人群中脱颖而出，你必须懂得巧妙地表现自己。只有赢得别人的认可，才能体现你自己的实力和汗水的价值。

一位女士在一家外企单位只工作了4年就做到了公司高级副总裁的职位。有人问她怎样才能在一个公司飞速攀升，她说："当然要靠能力。这个能力是指表现自己的能力。"她认为生活就是一场接一场的选秀，只有勇于表现自己并且懂得表现自己的技巧的人才能从众多竞争者中脱颖而出。一个人只有善于表现自己，才能在生活的舞台上赢得较高的票房。

■要想更好地展现自己，首先要呈现给别人一个真实的你。

推销自己是人生的一大难题，必须把握好分寸，既不能把自己严严实实地包裹起来，也不能夸大其词地粉饰自己，既要积极主动地表现自己，又不能给人自高自大的印象。善于推销自己是好事，但是如果过于卖力地推销自己，结果就会适得其反。

怎样才能更好地展现自己呢？首先，要诚实地展现自己，呈现给别人一个真实的你。如果夸大自己的能力，也许会暂时赢得别人的敬佩，但是当真相大白之后，你将无地自容。其次，表现自己的时候要保持谦虚的态度。如果你觉得自己取得了很了不起的成绩，别人就会降低对你的评价。

要想得到较高的评价，你理所当然应该具有较高的水平。反过来，如果你有很高的能力和出色的才华，并且能够恰当地呈现出来，人们自然会对你做出相应的评价。

【思路转换】

你想让别人对你做出怎样的评价，就应该展现出怎样的风采。

第十四节　勇敢地承担责任

趋利避害是人之常情。从心理学上讲，就是人们不愿意承认自己犯下的错误，遇到问题的时候都想推卸责任。因为如果承认是自己的责任，就要面临被责罚的危险。责任是一种负担，承担责任会带来暂时的痛苦，所以大家都不愿意承担责任。

在日常生活中责任随处可见，但是为了保持良好的自身形象，人们总是找出种种借口为自己开脱。为了证明"不是我的错"，人们会强调不利的客观条件，比如"时间太短"、"天气太糟糕"、"资金太少"、"环境不好"等等。错了就是错了，不利的客观条件不能改变错已铸成的现实。问题出现了，就必须有人来承担。如果强找托词来掩盖自己的责任，只能更加证明自己没有能力。

社会心理学家认为，避免和逃脱责罚是人类的一种本能。但是，逃避责任的人就像沙漠里把头埋起来的鸵鸟一样，会给人留下不诚实和懦弱的印象。

人非圣贤，孰能无过？每个人都可能犯一些错误。生活中的事情没有尽善尽美的，每天你都可能遇到一些麻烦。其实，很多错误是不可避免的，即使出现了也会得到人们的原谅，因为凡人不可能无所不知、无所不能。但是，有些人还是喜欢编造一些借口为自己开脱。更有甚者，有些人不但不承担责任，反而把责任推给别人。本来想维护自己的形象，结果越抹越黑。

某家香港公司在深圳设立了一个办事处。办事处刚刚成立的时候是应该申报税项的，但是当时很多同样性质的办事处都没申报，而且这家办事处当时没有营业收入，所以就没申报。两年后，税务局进行税务检查时发现这家办事处没有纳过税，于是对这个办事处做出数万元的罚款决定。

总公司的老板知道这件事后，就向办事处的主管了解情况："为什么会发生这样的事情?"这位主管回答说:"当时我本来想税务申报,但是职员说很多公司都不申报。我们也不用申报了,想到这样可以给公司省些钱,我就没有再管。申报的事都是由会计来负责的。"于是,老板又找到负责纳税申报的会计,问了同样的问题。这位会计说:"当时很多同样性质的办事处都没有申报,并且我们当时没有营业收入。我把这些情况向主管汇报了,最终申不申报还应由主管做决定。主管没说要申报,我也就没报。"

事后,主管和会计都被辞退了。

按当时的情况来看,没有申报是情有可原的,但是他们却互相推诿,没有人站出来承担责任。其实,承担责任并不是什么坏事,主动承担责任的人是勇敢的,诚实的态度会得到别人的认可,因为有担当的人才值得信赖。

小陈和小张在一家速递公司工作。有一次,他们负责运送一件价值连城的古董。在交货码头,当小陈把古董递给小张的时候,小张没有接住,结果古董掉在地上摔碎了。两个人吓傻了,道歉已经不能解决问题,客人肯定会要求速递公司做出巨额赔偿。

小张趁着小陈不注意,偷偷来到老板办公室对老板说:"这不是我的错,都怪小陈不小心把古董摔坏了。"听完小张的讲述之后,老板把小陈单独叫到了办公室,问他怎么回事。小陈把事情的原委告诉了老板,最后他说:"这件事情是我们的失职,我愿意承担责任。"

后来,老板把小陈和小张一起叫到了办公室,对他俩说:"古董摔碎之后,客人请专家做了鉴定,发现原来那件古董是个赝品,值不了多少钱。"两个人听后松了一口气。老板接着说:"古董的主人清楚地看见了你们在递接古董时的动作,他跟我说了他看见的事实。我也看到了问题出现后你们两个人的反应。现在我决定,小陈升任组长。小张,你明天不用来工作了。"

承担责任除了带给你尊重和机会之外,还会给你带来丰富的人生经验。有责任就需要解决问题。当把问题摆平之后,你就会发现自己原来有这么大的本事。承担责任有助于自我完善，有助于提升自己处理问题的能力。

有人说"9·11"事件成就了纽约前市长鲁道夫·朱利安尼。在布什总统大部分时间缺席的情况下，朱利安尼承担起了面对媒体和安抚市民的责任。

朱利安尼说："所谓的领导，就是在享受特权的同时，承担起更大的责任。在风险或危机来临时，有勇气站出来，单独扛起压力。"当袭击事件发生时，他意识到自己必须亲临现场并掌控局面。如果他不在电视上露面，就会造成更大的恐慌。

"9·11"事件的发生虽然出人意料，但是朱利安尼靠自己的坚强与理智带领纽约市民走过这场前所未有的变局。他的出色表现使他取代布什总统入选《时代周刊》2001年度风云人物。2001年10月14日，英国女王授予朱利安尼爵士荣誉，这是英国皇室给予外国公民的最高荣誉。

【思路转换】

从长远来看，承担责任比文过饰非更有好处。

有方法才会有思路

第一节　正面思考:

将注意力从坏事转向好事

你眼中的世界是怎么样的?

这个问题回答起来可能比较难,那么先来回答下面这个问题。

一只装了半杯水的杯子,你认为它是半空,还是半满?

我们还可以联想到跟你上面的回答相关的一些事情,虽然类似的事情你可能经常遇到,却从来没有深思过。

你上次考试成绩只是班上的中等水平,这使得那些对你寄予厚望的人们很失望。因此你决定努力学习,打算考个第一名给大家看看。在老师、家长的督促下,经过你的努力,你的成绩比以前提高了几十个名次。对你来说,这是以前从来没有过的好成绩。但是,你的目标是第一名。因此,你虽然有一点高兴,但是总的来说,你很失望。

下雨了。你讨厌下雨。虽然这场雨在这个季节十分平常,虽然你知道那些庄稼等着雨水的浇灌,但是你仍然十分恼火——它把你的衣服打湿了,鞋子弄脏了。

你创业失败了。你投入的几万元顷刻之间化为乌有，那可是你辛辛苦苦打工赚来的钱。你埋怨世道不好，上天不公。你灰心丧气，连自杀的心思都有了。

……

这样的事情数不胜数。通过这样的例子，可以知道你的内心世界是什么样的。

不错，你正在用一种负面思考来看这个世界。

所谓的负面思考是这样一种思考方式，即总喜欢把事情朝坏的方面去想。在看待一件事情的时候，我们总是觉得：问题多于机会、缺点多于优点、坏处多于好处……总之，它使我们产生消极的思考，从而使自己变得忧郁、沉闷、消极和暴躁。

而在我们解决问题的时候，偏重负面思考会带来比事情本身更多的麻烦。它会使我们被阴影遮蔽眼睛，看不到事情多种可能的解决方案，从而阻碍事情的解决。

本杰明·富兰克林曾经说："少一根铁钉，失掉一个马蹄；少一个马蹄，失掉一匹战马；少一匹战马，失掉一位骑士；少一位骑士，失掉一场战争。"

虽然这句话的本意是要求严于律己，但这可能算是"负面思考"的极端的例子了。这种连贯性的负面思考能够使人想到最坏的一面，从而由一件小事导致彻底的消极。

如果你的确是这么想的，也没有什么好遗憾的。心理学家证实了这样一个结论：负面思考是人类的本能反应。也就是说，人类总是喜欢设想最糟糕的一面。

不过，尽管负面思考是人的本能反应，但是这并不代表我们必须任由它来支配我们的信念、思想和状态。我们必须经过自己有意识的训练，把这种影响我们心情、精神和行为的思考方式转变过来。

问一问自己，难道世界真的是我们看到的那样——灰暗、让人丧气和死气沉沉吗？

一个探险家和他的挑夫打算穿越一个山洞。在休息的时候，探险家掏出一把刀来切椰子，结果因为灯光昏暗，切伤了自己的一根手指。

挑夫在旁边说："棒极了。上帝真照顾你，先生。"

探险家十分恼怒，于是把这位幸灾乐祸的挑夫捆起来，打算饿死他。当他一个人穿过山洞的时候，却被一群土著抓住了，他们打算杀死他来祭奠神灵。幸运的是，那些土著看到了探险家伤了的手指，于是把他放了，因为他们害怕用这样的祭品会触怒神灵。

探险家感到自己错怪了挑夫，于是回去把那位挑夫的绑松开了，并对他致以歉意。

挑夫说："看来，上帝也很照顾我，先生。如果你没有把我捆住的话，我已经成为他们的祭品了。"

我们必须学会正面思考。如果你在回答"半空"还是"半满"这个问题的时候，回答的是后者的话，那么你就是在做正面思考。正面思考是这样一种思考方式，即看待一件事情的时候，它让我们能够考虑到这件事情好的一面。它帮助我们阻挡住那些困扰我们的因素，发掘给我们信心、激励和勇气的因素，从而使我们更加积极地去解决一个问题。

正面思考和负面思考是两种截然不同的思考方式，产生的效果也不同。不过，它们只是看问题的两种不同的角度而已，并没有改变事情的本身。同一件事情，用正面思考的方法能够使你自信、乐观和拥有解决问题的高效率，而负面思考则正好相反。

一个老妇有两个儿子，大儿子卖伞，小儿子卖鞋。下雨天，她为小儿子发愁；晴天，她则为大儿子发愁。因此，她一年到头都是愁眉苦脸的。

有一天，经过一位乡人的指点，她的思想有了很大的改变，开始变得十分快乐。那位乡人告诉她，应该在晴天为小儿子高兴，在雨天为大儿子开心。

当获得肯定时，你会……

当遭遇失败时，你会……

正面思考要求我们以积极的思维来看待这个世界，可以帮助我们把注意力从坏事转向好事，改变我们的心态和解决问题的各种方式。如果你正为自己的生活是无趣的、世界是灰暗的而沮丧，就应该学会正面思考的方式。

【思路转换】

当你面临一个问题的时候，采取正面思考还是负面思考，完全由你自己决定。

第二节　换位思考：
站在别人的立场想一想

会不会经常有人提出与你相反的观点和意见？你是不是奇怪事实明明是这样的，为什么别人和你的观点不一致？那是因为别人和你的立场不一样。如果你试着站在别人的立场上想问题，就能更好地理解别人的观点。

在小学课本上有一篇课文叫《画阳桃》，讲的是在图画课上，老师在讲桌上放了两个阳桃让学生写生。从"我"的位置上看去，有五棱的阳桃像个五角星，"我"如实地按照自己看到的样子把阳桃画了出来。当"我"把习作交上去的时候，被几个同学看到了。他们纷纷嘲笑"我"："他画的是个什么呀？""哈哈，把阳桃画成了五角星！"

老师看了看"我"的习作，又在"我"的座位上坐下来对讲桌上的阳桃观察了一番，然后举着那幅画问同学们画得像不像。同学们齐声回答说："不像！"

"它像什么？"老师又问。

"像五角星。"

"把阳桃画成五角星好笑吗？"老师接着问。

"好笑！"几个学生又嘻嘻哈哈笑起来。

老师让那些觉得好笑的同学排好队轮流坐在"我"的位置上，然后问他们看到的阳桃像什么，结果他们都说像五角星。这时他们不再觉得把阳桃画成五角星好笑了。

对同一件事，立场不同的人会产生截然不同的看法。每个人想问题都是从自身利益出发，而只有站在别人的立场上，才能更好地理解别人的做法；只有深入体察别人的内心世界，才能真正做到与别人进行心灵的沟通。

有一位盲人晚上出门的时候总是提着一只灯笼。一个好奇的路人感到迷惑不解，于是上前问道："大哥，你眼睛不好使，打着灯笼有用吗？"盲人答道："有用啊，怎么会没用。"路人本以为盲人可能会很尴尬，没想到，这位盲人的回答使他如醍醐灌顶："我打灯笼不是给自己看的，而是给你们这些看得到的人看的。免得你们在黑暗中看不见我这个盲人，把我撞倒了。"

当你觉得别人做错了的时候，站在别人的立场上考虑一下，你就会发现别人那样做也有他的道理。当你觉得有人冒犯了你的时候，设身处地地为别人想想，你的心胸就会变得更加开阔，从而宽容对方。某个城市的交通部门曾举行过这样的活动——让交警和司机互换位置。让那些对交警不满意的司机体验一下做交警的困难，让那些对司机满腹牢骚的交警体验做司机的苦处。结果，活动结束之后，交警和司机都能够更好地体谅对方了。

从事服务行业的工作人员特别需要站在消费者的角度考虑问题，只有满足消费者的需求，才能做好自己的工作。

孔子教导我们"己所不欲，勿施于人"，就是要求我们要站在别人的立场上思考问题。设想一下，如果自己处于对方的位置，希望得到什么样的对待？如果你是老板，那么请多想

■生活需要换位。

想员工需要的是什么；如果你是员工，那么请多想想老板希望你怎么做。做父母的应该站在子女的角度想想子女真正需要的是什么；做子女的应该站在父母的角度考虑一下怎样做才能让父母高兴。

心胸狭隘的人把自己囚禁在"我"这个桎梏里，他们不能跳出自己的小圈子，从而站在别人的立场上思考问题。他们把自己和别人的界限划得很分明，这让他们无法理解别人的感触。

换位思考就是让你跳出这个界限，把自己当成别人，把别人当成自己。这样你就能变得很宽容，你的世界就会变得很大。

换位思考不但可以让你更好地理解自己的亲人、朋友和合作伙伴，而且可以让你更好地对付自己的敌人。所谓"知己知彼，百战不殆"，只有站在敌人的角度想问题，才能出奇制胜。当自己处于守势的时候，只有提前考虑敌人的动向，才能充分地做好迎战的准备。当自己处于攻势的时候，只有考虑到敌人的应对策略，才能更好地布置后招。

【思路转换】

站在自己的立场上，你看到的只是一棵树，如果能同时站在别人的立场上，你就能看到一片森林。

第三节　逆向思维：有时会创造奇迹

人们习惯于沿着事物发展的正方向思考问题，并寻求解决问题的方法。但是，有时候按照传统观念和思维习惯思考问题会找不到出路，百思不得其解。这时就可以试着突破惯性思维的条条框框，从相反的方向寻找解决问题的办法。

逆向思维通常指为实现某一创新或解决某一常规思路难以解决的问题而采取反向思维，寻求解决问题的方法。这种思维方式表现为对传统观念的背叛。采用逆向思维的前提是对思维对象进行全面分析，细致地了解思维对象的具体情况。此外，进行逆向思维的人还要有敢于冒险，勇于创新的精神。

宋灭南唐之前，南唐每年要向大宋进贡。有一年，南唐后主李煜派博学善辩的徐铉作为使者到大宋进贡。按照规定，大宋要派一名官员陪同徐铉入朝，但是朝中大臣都明白自己的学问和辞令比不上徐铉，所以都怕丢脸，没人敢应战。

宋太祖很生气，但是又无可奈何。他也不想随便派个人去给朝廷丢脸。后来，他想到这样一个办法：让人找到 10 个魁梧英俊，但又不识字的侍卫，把他们的名字呈交上来。然后，宋太祖指着一个比较文雅的名字说："此人堪当此重任。"大臣们很吃惊，但是没人敢提出异议，只好让大字不识的侍卫前去接待徐铉。

徐铉见了侍卫先寒暄了一阵，然后滔滔不绝地讲起来。但是不管他说什么，侍卫只是频频点头，并不说话。徐铉觉得大国的官员果然深不可测，只好硬着头皮讲。可是一连几天，侍卫还是不说话。等到宋太祖召见徐铉时，他已经无话可说了。

宋太祖就是利用逆向思维来应对南唐的进贡官员。按照正常的逻辑思维，对付能言善辩的人应该找一个更加善辩的人，但是宋太祖却找了一个不认识字的人，效果居然不错。因为徐铉也是按照常规的思维方法来想问题的，他认为宋朝一定会派一个数一数二的学者来接待自己。面对不说话的侍卫，他猜不透，但又不敢放肆，结果变得很被动。

逆向思维是一种科学的思维方法，可以归纳为四种类型：结构逆向思维、目的逆向思维、条件逆向思维和因果逆向思维。

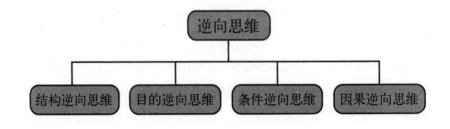

结构逆向思维

结构逆向思维指从已有事物的逆向结构形式中去设想，寻求解决问题的新途径的思维方法。一般可以从事物的结构位置、结构材料以及结构类型进行逆向思维。

假设有 4 个相同的瓶子，怎样摆放才能使其中任意两个瓶口的距离都相等呢？

如果让 4 个瓶子全部正立着摆放，你将永远找不到方法。把一个瓶子倒过来试试。想到了吗？把 3 个瓶子放在正三角形的顶点，将倒过来的瓶子放在三角形的中心位置，这时你制造了很多个等边三角形，任意两个瓶口之间的距离都是等边三角形的边长。

这种思维方法应用在发明创造上很有效。比如，有人觉得传统的绣花针拔出后需要掉头再穿回去，很费时间，于是发明了双向针尖的绣花针，把针鼻放在中间。

目的逆向思维

目的逆向思维指从想达到的目的推导出具有可行性的做法。你想看看远处高山上的风景，怎么办？很简单，"山不过来，我就过去"。历史上著名的司马光砸缸的故事就是一个很好的例子。

司马光小时候和伙伴在院子里玩。一个小伙伴趴在水缸沿上时，不小心跌进了缸里。缸里的水把他淹没了。眼看就要出人命了，别的小朋友有的吓得又哭又喊，有的跑去找大人。这时，司马光急中生智，他拾起一块石头朝水缸底部砸去。水缸被打了一个缺口，水很快流了出来，里面的孩子得救了。

一般人们会认为，要想救出孩子，必须把孩子从水缸里捞出来。司马光的思路是，只要让孩子和水分离，孩子就得

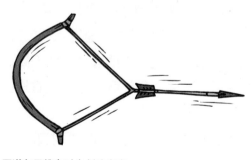

■逆向思维有时会创造奇迹。

救了。但是，他的身高不足以把孩子捞出来——让孩子离开水，于是他想到了砸破水缸——让水离开孩子。

条件逆向思维

条件逆向思维指人们利用反方向的条件达到想要的结果。

抗日战争时期，敌人把一个小村庄包围了，不让村里的任何人出去。一座小桥是由村子通向外界的唯一通道，有伪军在桥上把守。村里的人为了把情况向外界透露，想尽了办法。

后来，村里的一个小八路说："让我试试。"这个小八路在黄昏时，悄悄来到小桥旁的芦苇地藏了起来。在夜色的掩护下，他认真地观察小桥上的动静。不一会儿，有几个人从村外走来，他注意到守桥的伪军呵斥道："回去！回去！村里不让进！"看到这种情况，小八路心里有了主意。他又等了一会儿，敌人开始打盹了。这时，小八路钻出了芦苇地，悄悄上了小桥，接近敌人的时候他突然转身向村里的方向走去，并且故意把脚步声弄得很大。敌人听到后，大喊："回去！村里不让进！"然后跳起来追上小八路，连打带推地把他赶出了村庄。就这样，小八路顺利地把消息带到了村外，为部队打胜仗立下了汗马功劳。

因果逆向思维

因果逆向思维指推因得果，由果及因。明白事物之间的因果关系之后，就可以通过制造原因得到你想要的结果。

一位移民到美国的中国人与别人发生了财务纠纷，要打一场官司。他对律师说："我们是不是应该约法官出来吃顿饭或者给他送点礼？"律师听后连忙制止："千万不可！如果你向法官送礼，你的官司必败无疑。"那人问："为什么？"律师说："只有理亏的人才会送礼啊！你给法官送礼不正说明你知道自己有罪吗？"

几天后，律师打电话给他的当事人，说："恭喜您！我们的官司打赢了。"

那人淡淡地说："我早就知道了。"

律师感到很奇怪："您怎么可能早就知道呢？我刚从法庭里出来。"

那人说："因为我给法官送了礼。"

律师万分惊讶："您说什么？"

那人说："的确送了礼，不过我在邮寄单上写的是对方的名字。"

当事人的做法确实不道德，但是我们不得不佩服他的逆向思维方式。既然律师说送礼的人必败无疑，如果对方送了礼，自己不就赢了吗？这种把事物起作用的过程倒过来的思维方式，在科学研究领域同样非常重要。法拉第发明发电机的过程就应用了这种思维。

1820 年，有人通过实验证实了电流的磁效应：只要导线通上电流，导线附近的磁针就会发生偏转。法拉第怀着极大的兴趣来研究这种现象，他认为既然电能产生磁场，那么磁场同样也能产生电。虽然经过了多次失败，他还是坚信自己的观点。经过 10 年的努力，1831 年的时候，他的实验成功了：他把条形磁铁插入缠着导线的空心筒中，结果导线两端连接的电流计上的指针发生了偏转。法拉第据此提出了电磁感应定律，并发明了简易的发电装置。

可见，逆向思维的应用在现实生活中具有重要的意义。运用逆向思维可以突破你对事物的常规认识，创造出惊人的奇迹。

【思路转换】

如果向前走找不到出路，就回过头来向相反的方向试试。

第四节　发散思维：从一点向多方想开去

给你一块砖头，你能想到多少种用途呢？试着在下面写一写：

_____

_____

_____

　　有人曾做过这样的试验：在黑板上画一个圆圈，问大学生画的是什么？大学生回答很一致："这是一个圆。"同样的问题问幼儿园的小朋友，得到的答案却五花八门：有人说是"太阳"、有人说是"皮球"、有人说是"镜子"……大学生的答案当然很正确，从抽象的角度看确实只是一个圆。但是，比起幼儿园孩子来，他们的答案是不是显得有些单调呆板呢？幼儿园小朋友的那些丰富多彩的答案是不是更值得我们喝彩呢？

　　心理学家认为人类在 4 岁之前的大脑是最具有开发潜能的。随着年龄的增长，随着知识的增加，人的思维逐渐被束缚住了。人们思考问题的时候局限在常见的、已知的圈子里，不能想到更多的解决问题的方法。一旦现有的条件不能满足常规的解决问题的途径，人们就束手无策了。这就需要我们用发散思维开发思维空间。

　　所谓发散性思维，是指从已知信息中产生出大量变化的、独特的新信息的，一种沿不同方向、向不同范围寻求解决方法的，不受传统规则和方法限制的思维方式。发散思维又叫作扩散思维或辐射思维。顾名思义，这种思维方式就像自行车的辐条一样以车轴为中心向各个方向辐射。

　　科学家的新发明、商人的新点子、艺术家的新创造大部分是通过发散思维取得的。一个思想呆滞的人不可能在某个领域做出太大的成就。发散性思维要求我们思考问题的时候从一个问题出发探求多种不同的答案。著名美国心理学家吉尔福特在研究发散思维的过程中，指出与创造力最相关的思维方法就是发散思维。吉尔福特认为，经由发散性思维表现于外的行为即代表个人的创造力。你的思维越灵活说明你的创造力越强。相反，一个思维惰性、刻板、僵化或者呆滞的人，不会有什么创造力。

　　发散思维对于创新有非常重要的意义，由它可以派生出很多具体的方法和技巧。一些研究者提出可以从材料、功能、结构、形态、组合、方法、因果和关系这 8 个方面进行发散思维。这些方法对解决日常生活中的问题非常有效，可以帮我们找到一些小窍门。比如你可以尽可能多地想一些曲别针的用途，

　　大概可以归纳为 3 种方法：

纵横思维　指思考问题的时候从垂直和水平方向多想想，看有哪些潜在的可能性，有哪些可行的办法。通过横向和纵向的拓展可以让你的思维空间更加广阔。比如，如果你是生产饼干的厂家，通过纵向思维你可以生产适合不同人群吃的饼干，适合孩子的卡通造型饼干，适合上班族的早餐饼干，适合老人的营养饼干等等。然后，通过横向思维你可以把适

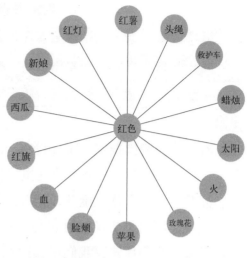

■发散思维扩散图。

合每类人群的饼干分为草莓、椰奶、巧克力、花生等等不同的口味。

分合思维　指将思考对象由整体分解为部分或由部分集合为整体。比如，在曹冲称象的故事里，聪明的曹冲就是把重达上万斤的大象分解为等量的石块称出大象的重量的。有一个穷画家，穷得连橡皮头都舍不得扔，他把橡皮粘在铅笔上，这样发明了一种新型的铅笔。这也是对分合思维的巧妙运用。

质疑思维　指要敢于怀疑专家和权威的论断，敢于提出新观点和新理论。书本上告诉我们的答案未必准确，即使正确也未必是唯一的答案。现成的、固定的答案是发散思维的最大障碍，如果你敢于对现有答案提出质疑，往往能够另辟蹊径找到更加便捷、更加有效的方法。数学家华罗庚上中学的时候就曾经大胆对权威理论提出质疑，结果他证明了一位数学教授的公式推导有错误。

思维方式是一种习惯，你可以通过训练获得。缺乏发散性思维的人总是有了一个思路之后就不再思考了，得到一个说得通的解释就不再去探索其他的解释了，这样就养成了懒惰的思维习惯。要想养成发散思维的习惯，可以从发散思维的三个特性入手进行训练。

首先，发散思维具有流畅性，可以让你在很短的时间内产生大量的

发散思维方法

纵横思维	思考问题时从垂直和水平方向上想。
分合思维	将思考对象由整体分解为部分或由部分集合为整体。
质疑思维	敢于怀疑权威，敢于提出新观点和新理论。

思路。

有人请教爱因斯坦："你和普通人的区别在哪里？"爱因斯坦的回答是："如果普通人在一个干草堆里寻找针，他找到一根针之后就会停下来。而我会把整个草堆掀开，把散落在草里的针全部找到。"

如果你的思维的流畅性很好，你的思路就如行云流水，创意迭出。心理学家克劳福德建议我们用属性列举法来训练思维的流畅性。简单的训练方法如下：

1．用你能想到的所有定语形容一个某一个名词。

2．想出一个故事的多个结局。

3．给一个故事拟定多个标题。

4．用给定的字组成尽可能多的词或用给定词语组成尽可能多的句子。

其次，发散思维具有变通性，非常灵活，可以让你海阔天空自由驰骋。

变通性要求你重新解释信息，强调跨域转化，用一种事物替换另一种事物，从一种类别跳转到另一个类别。转化的数目越多，速度越快转化能力越强。比如，针对"砖头有什么用途"，你回答"可以盖房子、可以盖一堵墙"，其实是把砖头限制在建筑材料这一个门类里了。如果回答说砖头可以用来做磨刀石，这就跳转到别的类别里了。

训练变通性可以提高触类旁通的能力。简便的训练方法如下：

1．说出给定定语能够描述的所有东西。

2．对给出的系列单词按照一定的类别进行组合。比如蜜蜂、鹰、鱼、麻雀、船、飞机等单词，按照飞行的、游水的、凶猛的、活的等类别进行组合。

最后，发散思维具有独特性，可以让你别出心裁地产生不同寻常的想法和见解。

独特性的意思是指这种思维方式是唯一的，非凡的，别人想不到的。独一无二的思维方式可以得到意想不到的结果。独特性建立在流畅性和变通性的基础之上，可以说流畅性和变通性是途径，独特性是结果。只有产生大量的、不同类别的思路，才能从中找到能够出奇制胜的创造性想法。

【思路转换】

　　思路越多，出路就越多。

第五节　迂回思维：另辟蹊径，转而进取

思路不会永远沿直线前进，我们在思考解决问题的方法的时候，常常会遇到"此路不通"的情况。如果钻牛角尖，恐怕永远也找不到出路。这时就需要采用迂回思维的方法，另辟蹊径。现实中的很多问题是相当复杂的，不能用直来直去的方法解决。迂回思维是以退为进的思维方法，看似离所要解决的问题很远，事实上是巧妙地越过障碍，以便顺利前进。

迂回思维具体表现为 3 种方式：

中间传导式

中间传导式是指借助一个中介物来解决问题。既然直来直去会受到很大的阻碍，那么增加一个中间环节也许能够轻而易举地解决问题。

解放战争时期，有人想把一批银圆从武汉运往上海。那时，长江一线匪盗猖獗，他害怕有什么闪失，苦思冥想也想不到万全之策。后来，一位姓吴的先生愿意帮他把钱运过去。吴先生把那批银圆全部买了洋油，洋油装船运输，就比直接装银圆运输安全多了。洋油运到上海之后，立即转手卖掉，把洋油换成钱，这样就把问题轻而易举地解决了。当这批洋油运抵上海时，碰巧遇上洋油大涨价。吴先生不但把全部银圆安全"运"到了上海，而且还大赚了一笔。

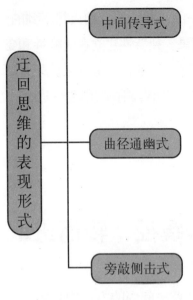

宋徽宗赵佶喜欢画画，上行下效，那时候很多人学习画画，都想考入国家级的皇家画院。有时为了选拔真正的绘画人才，宋徽宗甚至亲自出题考试。

有一次，宋徽宗以"深山藏古寺"为题，让考生作画。结果大部分考生在树林茂密的深山中画了一座庙宇，有的把整座庙画了出来，有的露出寺庙的一角，有的只画了一个山门。宋徽宗看后都不满意。就在他感到失望的时候，有一幅画吸引了他。那幅画上并无古寺，只有一个老和尚在山下的溪边打水。仔细端详之后，宋徽宗激动得直拍桌子，连声说："好！好！不画古寺，古寺却深藏山中，此画当为魁选！"

另一次，宋徽宗出的题目是"踏花归去马蹄香"。大部分人画的是一匹马在花丛中踏过。他们把繁花画得七零八落，破坏了画面的美感。然而，有一个人的画上却没有花，画面上有几只蝴蝶追逐马蹄飞翔。这幅画真是太妙了！既然"踏花归去"，画面上本不该有花。如何表现马蹄的"香"呢——用翩翩飞舞的蝴蝶。这位画家采用迂回思维方法，不去正面表现香，而是借助蝴蝶这个中介让"香味"可闻可感了。

还有一个关于绘画的故事，讲的是一个老师让学生画瀑布。学生画好之后给老师看，老师说："画得不错，但是没有把瀑布的声音画出来。"学生重新画了一次，瀑布的形态惟妙惟肖，但是老师还是说听不到瀑布的声音。学生向老师请教应该怎么画，老师在他的作品上简单添了几笔，学生看后恍然大悟。原来，老师在瀑布边填了一个捂着耳朵的人。

曲径通幽式

既然有拦路虎，那么我们就绕道而行。这种思路就是让我们回避正面的问题，寻找能够到达目的地的另一条出路。这样的道路也许不是最近的一条路，但是很好走。

一个心理学家曾经做过这样一个试验：

把一只鸡和一只狗饿几天，然后把它们用一个 U 型的铁丝网圈起来，在铁丝网的外面放上一盘香气四溢的食物。结果那只鸡"咯咯"叫着径直向食物走去——当然它被铁丝网拦住了。但是它不甘心，一边叫一边在铁丝网前面瞎转悠。再来看那只狗，它同样摇着尾巴向食物跑去。当遇到铁丝网的时候，它"汪汪"叫了几声，然后环视了一下食物和四周的铁丝网，很快就往回走，绕过一边的铁丝网跑到另一边把食物吃了。

也许你觉得那只鸡很可笑，其实我们人类有些时候也会犯下同样的错误。我们总想用最快、最便捷的方法解决问题，无视面前的巨大障碍。其实，只要换一种思路，问题就会迎刃而解。

蒙古族有一个聪明的年轻人叫巴拉甘仓。有一次，一位财主骑马在路上碰到了巴拉甘仓。财主早就听说巴拉甘仓很聪明，于是就想考考他。他对巴拉甘仓说："不许你接触我的身体，你能让我从马上下来吗？"巴拉甘仓说："先生，我不能。但是，如果你下来，我有办法让你回到马背上。"财主听后不相信，他马上跳下来，想知道巴拉甘仓怎么让他回到马背上。巴拉甘仓哈哈大笑说："先生，现在您不是从马上下来了吗？"那个财主瞠目结舌。

旁敲侧击式

这种方法是指从主攻问题旁边的小问题下手，把那些看似与你要解决的问题无关的小问题与你的最终目的联系起来。牵一发动全身，小问题解决之后，主攻问题自然迎刃而解。

某公司招聘员工时，给应聘者出了一道这样的题目：把木梳卖给和尚。不少应聘者觉得面试官故意刁难人，拒绝去推销。最后，有 4 个人愿意去试试。

■以退为进，另辟蹊径，问题自会迎刃而解。

甲先生跑了很多寺院，见到和尚就让人家买梳子，结果被和尚赶出寺院。但是他仍然不屈不挠，后来他向一个老和尚诉苦，终于感动了老和尚，卖出了一把梳子。

乙先生比较聪明，他绕开了"梳子是梳头发用的，但是和尚没头发"这个问题。他向和尚宣传木梳有活络血脉的作用，经常梳头可以避免头皮发痒。有些和尚听信了他的话，就买下了他的梳子，结果他卖出了 10 把梳子。

丙先生看到那些前来进香的善男信女头发被山风吹乱了，于是灵机一动。他找到寺院的方丈，说："蓬头垢面对佛是不敬的，应在每座香案前放把木梳，供善男信女梳头。"他的推销很成功，走访了 10 家寺院，每个寺院大概有 10 个香案，这样他卖出了 100 多把梳子。

丁先生选择了一家香火最旺的寺院，他直接找到方丈说："凡来进香者，大多怀着一颗虔诚之心，并且对寺院有所布施。如果宝刹回赠他们一些小物品，一来可以保佑平安吉祥，二来可以鼓励多行善事。我有一批梳子，您的书法超群，可刻上'积善梳'三字，然后作为赠品送给前来进香的人。"方丈听罢觉得有理，于是买下了 1000 把梳子。就这样，丁先生卖出了 1000 把梳子，而且还有订货。因为自从赠送"积善梳"之后，那家寺院的香火更旺了。

那些遇到问题就逃避的人没有任何机会，直来直去的甲先生历尽艰辛之后只卖出了一把。乙、丙、丁三位先生都运用了迂回思维，从与和尚梳头发无关的问题入手解决问题。相对来说，丁先生解决的问题是和尚最为关心的，所以他的成就最大。

【思路转换】

有时，走弯路比走直线更容易到达目的地。

第六节 转换思维：不为事物的差别所困

"横看成岭侧成峰，远近高低各不同。"由于视角不同，你所看到的景观就不一样。转换思维实际是一种多视角思维，从多个角度观察同一现象，你会得到更加全面的认识；从多个层次思考同一问题，你会得到更加完满的解决方案。

如果你对某一问题的思考方式对自己不利，那么你就应该转换一种思路。从另一个角度考虑问题，说不定可以让问题迎刃而解。

春秋战国时期，有一个鲁国人擅长编草鞋，他的老婆擅长做帽子。连年战乱使他们苦不堪言，这个鲁国人决定搬到越国去谋生。他的朋友听说后赶忙劝阻他："你到越国去肯定穷得没有饭吃。因为越国人喜欢光脚，不用穿鞋，而且他们披头散发不用戴帽子的。你们的产品在那里一定卖不出去。"于是，这个鲁国人听从了朋友的劝告，没有搬到越国去。

这个鲁国人是给事物的差别现象弄糊涂了，越国人和鲁国人的生活习惯虽然有差别，但是作为人的基本需求是一致的。越国是正在发展中的蛮荒之地，穿鞋戴帽是必然趋势。他本来可以宣传穿鞋子的好处，说服那里的人们穿鞋子，那将是一个多么广阔的市场啊！可惜他没有这么做。

几千年之后，有两个商人一起去非洲卖鞋子。那时的非洲人刚刚改变以前穿兽皮、披树叶的习惯，穿上了衣服，但是他们还都是光着脚走路。一个商人看到这种情况之后，认为这里的人都不穿鞋子，根本就没有市场，于是他去别的地方卖鞋子了。另一个商人却想：这里的人都没有鞋子穿，鞋子的需求量太大了，真是个赚钱的好机会！于是他留下来说服人们穿鞋子，结果成功地把鞋子卖给所有光脚的人，成了富甲一方的大鞋商。

转换思维就是让我们从不同方面对同一对象进行考察，从而得出客观公正的评价。比如，法官判案时，原告和被告是"公说公有理，婆说婆有理"。如果偏执一端，很可能会冤枉好人。而只有转换思维，全面了解事情的原委，才能做出公正的裁决。

毕加索有一幅名作《亚威农少女》，画面的结构完全颠覆了西方绘画的透视观念，少女的五官、肢体都发生了扭曲变形。因为毕加索把从不同视角看到的人物形象集中在了同一幅画面上。这幅画是立体主义绘画风格的一个典型，勾画出从上面、下面、正面、侧面等多个视角看到的现象所形成的整体效果。这实际上是转换思维在绘画领域的巧妙运用。

转换思维可以帮我们精确地理解某一事物的内涵和外延，并对事物的概念作出规定。语义学家格雷马斯说："我们必须对一些基本概念不厌其烦地进行定义，尽量做到精确、严格，以确保新概念的单义性。"所谓"不厌其烦地进行定义"，就是不断转换思维，从不同层次进行分析和推敲。对事物外延的把握更需要从不同角度进行划分。比如对历史时期的划分，从生产关系的角度可以分为原始社会、奴隶社会、封建社会、资本主义社会和共产主义社会；从物质材料的角度可以分为旧石器时代、新石器时代、青铜时代、铁器时代和高分子时代；从能量的角度可以把近代史分为蒸汽时代、电子时代和原子能时代等等。

此外，转换思维可以避免思维定式，对于发明创造来说有重要意义。每转换一个新的视角都可能引发一个新发现或新发明。

美国玩具制造商斯帕克特发现那些玩具设计师设计的玩具单调、陈旧，没什么新鲜感，很难引起儿童的兴趣。因为那些设计师都是成年人，他们已经形成了思维定式，很难从孩子的角度来设计玩具。要想设计出受欢迎的玩具，必须知道孩子们的想法。于是，斯帕克特请来一位6岁的小女孩玛丽亚·罗塔斯作为玩具设计的顾问，让她指出各种玩具的缺点，以及她希望生产出什么样的玩具。在小女孩的点拨之下，斯帕克特公司生产的玩具销路很好。

　　这个例子说的是成人与孩子之间的思维转换，此外，思维转换还有男人与女人之间的转换，历史、现实与未来的转换，整体与局部的转换，肯定与否定的转换，科学与艺术的转换等。思维转换的方法不一而足，这里我们介绍几种简单易行的训练方法。

反向转换法

　　《道德经》里有这样一句话："有无相生，难易相成，长短相形，高下相盈，音声相和，前后相随，恒也。"这个朴素的辩证法向我们讲述了深刻的道理。向反向去求索，站在事物的对立面来思考往往能够突破常规，出奇制胜。你可以向对立面转换事物的结构、功能、价值，以及对待事物的态度。对结构和功能的转换可以让你有发明创造，对价值的转换可以让你变废为宝，对事物态度的转换可以让你心胸开阔，宠辱不惊。

相似转换法

　　这种转换法有助于我们对同一对象、同一问题进行全面、整体、系统的把握。比如下面两组词语，每组词语之间具有一定的相似性和关联性。

　　1. 生命、血肉、植物、爱情、真理、繁荣

　　2. 原始、开端、最初、胚胎、萌芽、发展

　　每一组中的一个或几个词都可以成为理解本组中某一个词的新视角。这种转换方法可以启发新的隐喻以及事物之间的联系，对在科学研究中建立理论模型有重要意义。

重新定义法

　　如前面所说，转换思维可以使概念的定义更加精确。反过来，通过对某一概念的重新定义，可以训练我们转换思维的能力。对文字的翻译也可以达到这种效果，诗人余光中说："翻译一篇作品等于进入另一个灵魂去体验另一个生命。"这种"经验"可以让你的视野更加开阔。

征询意见法

一个人的思路毕竟有限，要想实现多视角思维，就应该借助集体的力量。征询别人的看法和意见可以让你对某一问题的认识更加完善。《三国演义》中曹操的扮演者鲍国安当年为了演好曹操这个角色，对不同年龄、不同学历、不同职业的几百个人进行调查，询问他们对曹操的看法。别人的意见让他对曹操的各个侧面都有所了解，他的演出自然赢得了大家的好评。

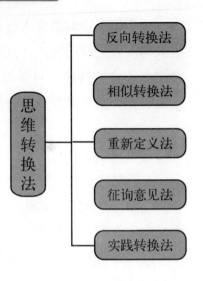

思维转换法
- 反向转换法
- 相似转换法
- 重新定义法
- 征询意见法
- 实践转换法

实践转换法

实践转换可以让你在对问题的实际操作中获得对事物新的理解和认识，发现某种新的意义。比如，大学生写论文，纯粹研究理论只能是闭门造车，如果去参加相关的实习，就会对理论知识产生新的认识。此外，经历一下你没有体验过的生活可以改变你对一些问题的看法。

【思路转换】

换个角度看问题，你会发现这个世界拥有别样的精彩。

扫码获取
更多资源

下 篇

颠倒思考，
为人生寻找出路

第五章

自我肯定

・・・・・・・・・・・・・・・・・・・・・・・・・・・・・・・・・・・・・・・

第一节　绝不否定自我

你对自己满意吗？不妨在下面写一下你对自己的看法。

你对自己满意的地方：

_____

_____

你对自己不满意的地方：

_____

_____

现在比较一下，你对自己满意的地方比较多，还是对自己不满意的地方比较多。从结果中可以看出，你是经常用否定的眼光看待自己还是用肯定的眼光看待自己。

曾长期担任菲律宾外长的罗慕洛个子很矮，穿上鞋时身高只有1.63米。年轻时，他对自己的五短身材非常不满意，为了改变这个"缺点"，他甚至穿过高跟鞋。后来，在他的外交生涯中，他的许多成就都与他的"矮"有关。他认为是矮促使他成功，以至于他说："但愿我生生世世都做矮子。"

1945 年，联合国创立会议在旧金山举行。罗慕洛以菲律宾代表团团长的身份应邀发表演说。他站在讲台上，需要稍微抬头才可以对着话筒讲话。等大家静下来，他用庄严的声音说出一句："我们就把这个会场当作最后的战场吧。"这时，全场登时寂然，接着爆发出一阵掌声。他的演讲结束时，观众对他报以长时间的掌声。罗慕洛自己说："如果大个子说这番话，听众可能只会客客气气地鼓一下掌，但菲律宾那时还没有独立，自己又是矮子，这番话由我来说，就有了意想不到的效果。"

按照惯常的思维，人们会轻视矮子，所以一旦矮子有了表现，即使是平常的事，也会让别人出乎意料，不由得佩服起来。本来让罗慕洛自惭形秽的缺点却成了他的优势。

小张和小李是大学同学，毕业后他们一起到人才市场找工作。小张看到一个职位和他们的专业对口，而且待遇不错，就叫小李一起来看。小李看到要求里写着：研究生学历，三年以上工作经验，就摇摇头说："要求太高了，没戏！"于是小李没投简历。小张非常向往那个职位，他抱着试试看的心态投了一份简历。

那份简历如石沉大海，没有回音。但是小张不甘心，他直接找到那家单位，来到经理的办公室说来应聘。经理了解情况之后告诉他："你的学历不合要求，而且没有经验，不能胜任这个职位。"小张说："文凭不能代表一个人的工作能力，没有经验我才能更好地发挥创意。我相信你们真正需要的是能够给公司带来效益的人才，而不是文凭和经验。"他这番话让经理对他刮目相看，答应让他试用一个星期。结果在这个星期里，小张用自己出色的表现赢得了经理的肯定。

■永远不要否定自己。

在以后的工作中，小张从来都没有怀疑过自己的能力，总是勇往直前。这种态度让他的水平得到了最大限度的发挥，短短几年就升到了副经理的职位。小李的境遇就不一样了，他总是认为自己没有能力、没有经验，而且不是名牌大学毕业的，因而一直找不到满意的工作。后来，他在一家小公司里任职，工作中仍旧缩手缩脚，对自己没有信心，几年之后还在底层徘徊。

不要过早地否定自己，不试永远不知道自己的潜力有多大，真正试了才知道自己行不行。你要相信自己的潜力是无穷的，如果你的潜力没有发挥出来，很可能是因为你总是否定自己，不给自己表现的机会。

现实很残酷，很多事情是无法改变的。"人生不如意之事十之八九"，现实生活中难免会遇到这样或那样的挫折。但是如果你对这些问题感到烦恼，进而自怨自艾、自暴自弃，你就太对不起你自己了。如果连你自己都不在乎自己，那么还有谁会在乎你？俗话说，人不为己，天诛地灭，总是否定自己就等于自取灭亡。如果你总是对自己做出否定的评价，这些否定的评价就会像毒素一样侵害你的心灵，甚至导致心理疾病。其实，一个现象无所谓好坏，关键是你自己的心态问题，换一个角度看问题就可以让你从阴暗走向光明。

也许你现在一文不名，但是你要相信自己有出人头地的潜质；也许你没有让人羡慕的职业，但是在平凡的岗位上你同样可以做出让人羡慕的成就；也许你曾一度失败，但是这并不表示你永远不会成功。不要小看自己，因为你是独一无二的。

不要再对自己说"我是丑八怪"、"我没本事"、"我很笨"、"我没用"之类的话，这种消极的自我暗示会让你真的变成那样。对自己好一点吧！不要太难为自己。现在请你把前边你对自己不满意的地方换一个说法，用肯定的眼光来看待自身的不足。

【思路转换】

请为自己骄傲吧！你可以成就一切。

第二节　不克制，不压抑

你是一个谦虚自抑的人吗？

你认为让自己的思想符合社会的主流，让自己的行为与大多数人一致是一种美德吗？

如果你的答案是肯定的，那么很遗憾，这种"美德"会限制你才能的发挥。谦虚自抑会让你失去自我。如果总想让自己的思想和行为符合大多数人的眼光，就会限制自己的想象力和创造力。

现实生活中确实有些人总是按照别人的意见生活，没有自己的独特思考。他们力求让自己的行为符合某种外在的标准，而不是他们内心的呼唤。渐渐地，在他们身上你找不到任何真正属于自己的东西。

亚顿是一个谦虚的画家，他大半生都默默无闻。他总喜欢把自己的画拿给自己的妻子看，争取她的认可。如果妻子说他画得好，他就心满意足了。在90岁那年，他的妻子去世了。开始时，他很郁闷，因为他不知道应该把自己的作品拿给谁看了，他不知道自己要赢得谁的欢心了。但是，渐渐地，他的作品变得好玩、富有创造力，甚至有点疯狂。他自由而夸张地表达着自己真实的想法，他发现自己原来有这么好的创造力，简直是个绘画天才。但是这份天才被埋没了90年，因为他一直为别人活着。

活出自我，不要把自身宝藏的钥匙交到别人的手里。别人的观点，甚至大多数人的观点未必就是真理。别人对你的肯定或批评并不能证明你的对错，那只是他们用自己的价值观对你的行为做出的评判而已。

一个画家把自己的一幅画送到画廊展出，并且在画的旁边放了一支笔。他告诉参观的人们，如果谁觉得这幅画有欠佳之处，可以用笔标出来。结果一天下来，那幅画上密密麻麻地标满了记号，好像一幅画一无是处。后来这个画家又画了同样一张画，这次他展出这张画的时候告诉参观者，可以用笔把他们认为画得比较好的地方标出来。结果展览完毕之后，被别人指责过的地方同样得到了人们的肯定。

如果别人不赞同你的观点，只能表示你的观点不符合他们的利益或者他们自己看问题的角度与你的不同。对于别人的意见，你可以参考，但是没有必要一定要迎合。有时也许是因为你的思想太超前，所以大多数人理解不了，何必为了得到愚昧的大多数人的认可而降低自己的水平呢？

在当代，人们对凡·高的评价很高，说他是后印象画派的杰出代表，他的作品是当今世界上拍卖价值最高的画作之一。然而，你能想象得到这样一个堪称天才的画家在生前居然没有卖出一幅画吗？他卖出的唯一的一幅画还是他弟弟提奥掏钱，托朋友买的。这个傲世的天才，悲惨而贫困地度过了一生，却给世人留下了不朽的杰作。

凡·高之所以能取得这样的成就，是因为他勇于表现自我。他说："为了更有力地表现自我，我在色彩的运用上更为随心所欲。"其实，不仅是色彩，在透视、形体和比例等方面他都是随心所欲地表达自己真实的想法，画出了他与世界之间的一种极度痛苦但又非常真实的关系。凡·高是一位有强烈使命感的艺术家，他要表达的是对事物的真实感受。为了表达出强烈的情感，他不拘泥于任何学院派的教条，甚至忘记了自己的理性。他这样描述自己对那种感情的态度："为了它，我拿自己的生命去冒险；由于它，我的理智有一半崩溃了；不过这都没关系……"

设想一下，如果凡·高不是那么执着地坚持自我，如果他听到别人对他的否定之后，就改变自己的绘画风格，那么我们今天还能看到赫赫有名的《向日葵》吗？自甘平凡的人是无法体会到那些敢

■每个人的人生都与众不同，坚持自我，活出自我。

于释放自己情感的人的骄傲的。

尼采的"超人"思想与其说是盲目自大，不如说是对社会束缚的一种矫枉过正的反抗。他喊出了一句惊世骇俗的口号："上帝死了。"他主张重新估定一切的价值，反对偶像崇拜，其实就是想突显出个人的价值：成为你自己吧，既然上帝死了，就由你自己来掌管自己的命运。

尽管他的观点不符合社会的潮流，别人把他当成了疯子，但是他依旧坚持自己的理论。他说："我的哲学一定会被人误解，当然，伟大的哲学家都是在别人的误解中成就其伟大的。"他生前就曾预言自己的理论在自己死后才会受到人们的重视。现在，他被誉为后现代主义哲学的开创者。

有些人只想平平庸庸地过一辈子，为别人活着，为世俗的观点活着，不惜浪费掉自己的生命。这些人自不必说，但是如果你不甘心活在别人的影子里，如果你想让自己的生命绽放出独特的花朵，就不要克制和压抑自己的思想，不要让世俗的规范束缚和约束自己的行为。

面对世人的评判，人们通常的表现	转换思考角度后的表现
克制自己的野心，不敢有太高的梦想。	有野心是好事，野心越大，成就越大。
压抑自己的情感，害怕与众不同。	如果你不把自己的情感表达出来，就没有人知道你在想什么。
束缚自己的想象力，不敢让自己显得太另类。	和别人有不一样的想法很正常，有独特的想法才能证明你是独一无二的。
约束自己的行为，不敢做出疯狂的举动。	疯狂的举动可以让别人对你刮目相看，事后回想起来还会津津有味。

听从自己内心的声音吧！不要在别人后面亦步亦趋。只有尽情释放自己，才能表达出真正属于你自己的思想和意见，才不枉此生。

【思路转换】

至少做一件疯狂的事吧，否则临死之前你会后悔的。

第三节 站得高一点

你认为自己是一个平凡的人，还是一个伟大的人呢？

你觉得那些伟大的成就是不可企及的吗？

你觉得那些伟大的人物和普通人有很大的不同吗？

你觉得自己的水平有限，因而不再对前途抱有希望了吗？

……

人人都是平等的，伟大的人本来也是平凡的人，他们之所以能取得伟大的成就，只是因为他们对自己的要求比平凡的人高一些。站得高才能看得远，正如大科学家牛顿所说："如果我看得比别人更远些，那是因为我站在巨人的肩膀上。"这句话不仅仅指吸取前人的知识，而且意味着我们可以而且应该超越以往伟人的成就，不应该对自己妄自菲薄。

不要鄙视自己，不要给自己定位太低。在这个世界上，没有人能使你觉得低下，除非你自轻自贱。你要比别人更爱你自己，因为只有你才能使自己站在更高的位置，只有你才能开发出你那无限的潜能，发挥出你的价值。

有人在达拉斯的报纸上读到一则消息：荷兰画家林布兰特的一幅油画正在以百万美元的价格出售。他随口问了一句："是什么使一幅画那么值钱呀？"一旁的朋友告诉他："第一，那是一幅独特的画，因为它是林布兰特很罕见的亲笔画。第二，林布兰特是一位天才，这种天才每几百年才可能出现一个。"

那人听后有所醒悟，说："我自己也是独特的，在我出现之前从来没有过'我'，在我之后也决不会再有第二个我。如果说因为独特所以有价值，那么我的价值也是不容忽视的。"

朋友说："不错！林布兰特虽然是个天才，也只是一个人而已。创造林布兰特的上帝也同样创造了你，在上帝的眼里，你跟林布兰特一样的珍贵。"

　　不要总说别人瞧不起你，真正瞧不起你的人是你自己。如果你给自己定位高一点，那就没有人能伤害你的自尊。尊严是自己挣来的，不是别人给的。

　　某位大饭店的老总有一次听到自己店里的服务员抱怨说："客人都瞧不起我们，说我们只是个端盘子的，真是很伤自尊啊！"于是这位老总在开会的时候语重心长地对自己的员工说："你们知道吗？我也是端盘子出身的。我之所以能取得今天的成就，是因为我从来没有把自己定位为'端盘子的'。我做服务生的时候就立志要开一家大饭店，那时我研究每道菜的营养成分、口味以及医疗保健效果。我把自己定位为顾客的美食营养顾问，而不是端盘子的。你们也是一样，为什么不把自己定位高一点？"

　　事后，他给每一个员工发了一个"美食营养顾问"的胸牌。服务员的服务水平有一个飞跃性的提高，客人都称赞这家店里的服务员素质高。

　　如果你觉得自己的工作简单、低下，从而看不起自己的工作，那么你就会连"简单"的工作都做不好。如果你认为自己的工作是值得夸耀的，那么你就能取得值得夸耀的成就。

　　有人在建筑工地上看到三个砌砖的工人，于是问他们："你们在干什么？"

　　第一个工人不耐烦地回答："你没看到我在砌砖吗？"

■你的身份取决于你的心态。

第二个工人想了想说："我在工作,通过工作挣钱好养家糊口。"

第三个工人满怀激情地说："我在建造世界上最漂亮的房子。"

后来,第一个工人没几天就离开了工地,因为他连砌砖都做不好;第二个工人成了一名普通的砌砖工人,因为他只把自己的工作当作挣钱的途径;第三个工人后来成了一位有名的建筑师,因为一开始他就把自己定位在了建筑师的高度。

世界上没有低贱的职业,没有卑微的身份,没有无足轻重的角色,只有自轻自贱的心。行行出状元,不管从事哪种职业,你都能做出令人

对人生定位太低的人的想法	颠倒思维后的想法
我的学历低,不敢去大企业找工作。	学历并不代表能力。
我只是一个小职员而已,不要对我要求太高。	现在的小职员也许是将来的董事长。
我只是一个服务员而已,别人都瞧不起我。	如果你把自己定位为优秀的服务员,那也是值得敬佩的。
我总是给别人当配角,在人群中那么不起眼。	最佳配角的荣誉并不比最佳主角的荣誉逊色。
我很平凡,别人不会在乎我的。	只要坚持内心的美好,再平凡也能活成一座丰碑。

仰慕的成就。不管是哪种身份,你都在人生的大舞台上扮演着不可或缺的角色,只要你用心就可以把它演得很精彩。

【思路转换】

"地位高低"不要紧,关键是你要"心比天高"。

第四节　长得丑不是问题

你对自己的相貌满意吗？

■没有完全相同的两个苹果，每一种存在都是独一无二的。

你认为什么是评判美丑的标准？

如果把标准定得宽一点，漂亮的人大概占总人口的 1%；如果把标准定得严格点，漂亮的人只占 3‰。可见绝大多数人都长得不那么漂亮。同样的道理，能够被称为丑的人也是极少数。如果把天下人按照美丑的顺序排队，你绝对不会是最丑的那个人。

就算你的身材真的不是很好，或者脸上有瑕疵，也没有必要为此感到烦恼，其实你只是长得有点特别而已。相反，与众不同的身材和长相更能展现出你的独一无二，更能轻易地让别人记住你。一位中学老师要退休了，在欢送会上，有人问他："你教了那么多学生，能记住多少呢？"这位老师说："成绩特别好的，成绩特别差的，还有长相比较特别的。"

意大利著名影星索菲亚·罗兰自 1950 年以来拍过 60 多部电影，并且在 1961 年曾以炉火纯青的演技获得奥斯卡最佳女主角奖。估计现在很少有人说她长得不漂亮了，但是，在她 16 岁刚刚来到罗马追求演员梦的时候，她的长相似乎对她很不利。别人对她的评价是：个子太高、臀部太宽、鼻子太长、嘴巴太大、下巴太小。这种形象连一般的演员都做不了，还想做明星？

后来，制片商卡洛觉得她是可塑之材，于是带着她去试镜头。但是，摄影师们都抱怨无法把她拍得很漂亮。卡洛无奈地对她说："如果你想成为出色的演员，就得把你的鼻子和臀部整整形。"她说："我为什么非要和别人长得一样呢？鼻子位于脸部的中心，是最能体现一个人性格的地方。至于臀部，那是我的一部分，我喜欢保持现在的样子。"

索菲亚断然拒绝了整容的要求，她认为不靠外貌，而靠自己的内在气质和精湛的演技照样可以出人头地。当她通过自己的努力取得成功之后，没有人再对她的鼻子和臀部妄加评论。20世纪末，她被评为这个世纪"最美丽的女性"之一。

她在自传《爱情与生活》一书中写道："我只求看上去像我自己。"

做自己就行了，因为你是独一无二的。说得不客气一点，整容是对自己的背叛。什么是美，什么是丑，并没有统一的客观标准，都是人们自己的心理反应。也许你认为自己不好看的地方恰恰是你最有魅力的地方。

如果一味地掩饰自己认为不足的长相，就很难正常地发挥自己的才能。相反，当你尽情展现自己才能的时候，你脸上的缺点也会熠熠生辉。

有一个女孩很有音乐天分，她的歌唱得很好听，但是她长了颗龅牙，为此她感到很难过。后来，她有一次公开演唱的机会。为了掩饰自己牙齿的缺陷，她努力用嘴唇盖住龅牙。她这样做不但让自己的表情显得滑稽可笑，而且影响了演唱水平的发挥。结果，这场演唱会以失败告终。

散场后，这个女孩躲在角落里哭泣。这时，走过来一个观众，他坦率地对女孩说："我看了你的演唱，知道你在竭力掩盖你的那口牙齿。"女孩更加伤心了。那个人用缓和的语气安慰她："但是，你知道吗？在我看来，当你露出牙齿，自然演唱的时候是你最有魅力的时候。勇敢地露出你的牙齿吧，它会给你带来好运的。"

女孩听从了那个人的建议，以后她演唱的时候，不再顾及自己的牙齿。她张大嘴巴尽情展现自己的魅力，很快就成了一位著名的歌星。她就是卡丝·戴莉。

一个人的价值不是由长相来决定的，很多伟人长得都不好看。但是当人们提到他们的时候，哪个不是肃然起敬？莎士比亚是个秃顶，圣教徒保罗双眼凹陷，塞万提斯有一对招风耳，林肯颧骨隆起、脸颊凹陷，伏尔泰的鼻子过于高耸，路易十四的嘴唇过于肥厚等等。

伟大的哲学家苏格拉底的长相更是丑陋，秃脑袋、大扁脸、突眼睛、朝天鼻，还有一张奇大无比的嘴巴。他的怪模样常常遭到朋友们的嘲笑，但是他从不以为意。他调侃说："实用才是美的。一般人的眼睛深陷，只能往前看；而我的眼睛可以侧目斜视。一般人的鼻孔朝下，因而只能闻到自下而上的气味；而我可以闻到整个空气中的美味。至于大嘴巴、厚嘴唇，可以使我的吻比常人更加有力、接触面更大。"

人们不满意的长相、身材	颠倒思维，缺陷变优点
我长得不好看，没有男孩子喜欢我。	喜欢你的人不是因为你的外表才和你在一起。
我个子矮小，总是遭到别人的嘲笑。	浓缩的是精华，矮个子名人数不胜数。
我长得太胖了，可是怎么减也减不掉。	环肥燕瘦，各有各的美，只要身体健康就行了。
我脸上有个疤，这让我不敢抬头。	脸上的疤是自己的招牌，只要你心灵美，那个疤就是美的象征。
我的牙齿很难看，这让我不敢张嘴说话。	牙齿难看并不妨碍你说出漂亮的话。

在这个世界上，每个人都是独一无二的。你的身体和容貌是上天赐给你的礼物，你应该好好珍惜。如果你厌弃这份礼物，纯粹是自找烦恼。

【思路转换】

人不是因为美丽而可爱，而是因为可爱而美丽。

第六章

上学与工作；
辞职或被炒鱿鱼

• •

第一节　上哪所大学不重要

你是否到了上大学的年龄？

你考上大学了吗？

你考上了哪所大学？

你是否觉得说出那个名不见经传的校名还不如不说？

你是否认为上不了名牌大学就没有前途？

• • • • • • • • • • •

请你写下上大学的意义：

_____

_____

_____

每年高考录取工作结束之后，总会"有人欢喜有人愁"。有人为无法圆大学梦而沮丧，有人为没有考上理想的专业而失意，更多的人则为不能进入名牌大学而郁闷。在这些人心目当中，非名牌大学就是不如名牌大学有优势：教学设施落后、学术气氛不浓、教学资源少得可怜、老师大多不是学术界的权威，学不到最前沿的知识、学校没名气，将来就业有困难……这么多的先天不足摆在这儿，自然就前途暗淡了。

我们不否认，名牌大学和非名牌大学相比确实有着一定的资源优势，但那只是硬件方面的不同，对毕业生的前途并不能起决定性的作用。事实也是一样，现实生活中并不是所有名牌大学的毕业生都前途无量。

一个中国学生刚刚从哈佛大学毕业，心情非常激动。他要回国和家人、朋友分享自己的喜悦。这位"天之骄子"打算乘出租车去机场。他坐上一辆出租车，说："我刚刚从哈佛毕业，送我去机场。"没想到司机回过头来，向他伸出手说："你好，哈佛1989级的。"

按照中国人的价值观，谁也不会把开出租车的人当作成功人士去崇拜和效仿。这就说明，考上名牌大学——就算是世界顶尖级的哈佛大学，也没什么值得炫耀的。它只表示你曾在那里受过教育，并不意味着你一定能成功。能否成功还要看求学者的心态和行为。如果心态端正，积极上进，学有建树，即便是非名牌大学的毕业生也一样有前途。

中国移动广东分公司客户服务（江门）中心总经理陈军雄上中学的时候成绩很优秀，但是在高考中他没有发挥出自己的水平，结果没有考上自己心仪的华南理工大学，而是带着遗憾进入了五邑大学的校门。多年后回首这件事时，他说："虽然我当年没有考上自己心仪的大学，但是我从未放弃自己。"

陈军雄进入大学后曾暗自发誓，一定要好好学习，不能输给那些重点大学的学生。他有意识地锻炼自己的能力，大一的时候竞选班长职位，后来又当上系学生会的宣传部长，大三的时候又成功竞聘了校团委组织部长的职位。这些除了锻炼他的组织和领导能力之外，也使他认识到，专业知识和实践能力是成功的必要条件。于是，他全方面地补充自己的专业知识，并积极参加社会实践活动。

参加工作后，他善于抓住学习的机会，提高自己的水平。他的第一份工作是邮政局的普通机务员。半年后，他被破格派到澳大利亚参加"基站系统高级培训"，并顺利通过考试。回来之后，他就进入了江门移动人力资源部当管理员。经过几年的努力，2005年他做到了总经理的职位。

他说："如果我没有得到想要的，我即将得到更好的。"这句话一直激励着他，也许如果他当年考上了自己理想的大学，就不会像现在这样努力，也不会取得现在这样的成绩。

可见，成功与否与是否入读名牌大学没有必然的联系，其关键还在于心态、想法和努力程度。

同样面对非名牌大学，有积极进取心态的人会将其弱势化为优势，为我所用。

没有好的实验设备，没有好的教学器材，正好能锻炼想象力和开拓精神，可以到社会上或名牌大学去寻找更丰富的资源。

学术气氛不浓，不是很容易就成鸡群里的凤凰了吗？

教学资源少得可怜，能让人知道珍惜，这样才会加倍努力地去学习。

老师大多不是学术界的权威，学不到最前沿的知识，但是可以通过自学丰富自己的知识，这样的能力是最难能可贵的。

如果这样的条件都能适应、突破，还有什么条件适应不了、突破不了呢？别忘了逆境更容易让人成才。

正因为学校不好，才需要付出更多，当然收获也更多。

■每片云彩都有可能下雨。

起点低，就不会好高骛远，脚踏实地更容易成功。

有积极心态的人还懂得这样的道理：普通大学也有学不完的知识；和那些上不了大学的人相比，自己的条件已经很好了。

颠倒一下看问题的角度，你是不是为自己找到了新的出路呢？

"非名牌大学不上"的想法害人不浅。少数人由于当年发挥失常，复读一年考上了名牌大学。但是大多数人复读两年、三年都没有考上名牌大学，耽误了大好青春，最后也只能委曲求全上一所普通的大学。不少学生从入学第一天起就抱着对自己学校品牌不看好的心态，这样开始自己的学业，结果自然是学不到东西。

俗话说"师父领进门，修行在个人"。这个道理在任何一所大学里都适用。如果你知道自己要学什么，而且知道怎么学，那么你就找到了上大学的真正意义，就知道了什么才是决定自己成功的要素——丰富的知识、与众不同的思考方法、出色的能力。网易创始人丁磊仅仅用了短短的 7 年时间，就从一位穷大学生跃升为中国首富。当被问到成功的秘诀时，他坦言说："我在大学里学会了思考。"

【思路转换】

不管在哪所大学，你都可以学到知识，学会思考，成为一名优秀的学生。

第二节　不上大学也无所谓

虽然近几年我国的高校不断扩招，让越来越多的人圆了大学梦，但是毕竟不是每个人都有上大学的机会。有些人因为成绩差，没有考上大学；有些人因为支付不起高额的学费而放弃了学业。和那些考上大学的人相比，没考上大学确实是一种遗憾，但是有些人难免会有一些错误的认识：没上过大学就没文化、没知识；没上过大学就做不出什么成就、没有大学文凭就找不到好工作；没有上过大学就没法和别人竞争；没有上过大学就将生活在社会的底层……

知识并不一定要通过上大学才能获得。爱迪生一生只上过 3 个月的学，但是谁敢说他没有知识？没有上过大学的人就"无知"吗？我们看看美国的汽车大王亨利·福特是怎么反驳这种观点的吧。

美国芝加哥的一家报社被汽车大王亨利·福特告上了法庭。因为报社刊登了一篇社论，里面提到亨利·福特是"无知的反战者"——福特先生连小学都没毕业，他是靠白手起家获得成功的。他对此评价大为恼火，认为是对他的诽谤。

在法庭上，报社的辩护律师对他提出种种问题，无非是想证明福特先生虽然有制造汽车的相关经验，但是对理论和技术知识所知不多。福特先生是这样回答的："如果你真的想知道问题的答案，我的办公桌上有一排按钮，只要按一下，就可以叫来我的员工，他们会替我解答。那么，请你告诉我，既然有这些人在我身边，我为什么还要把自己的脑袋塞得满满的？"

没有上过大学的人却可以让大学生为自己打工，这一点都不奇怪。没有上过大学并不表示你不能取得事业的成功。很多私营企业老板都没有很高的学历，他们取得了成功，过得很富足。很多学编程的人都没有大学文凭，却依然可以做着月薪 5000 以上的工作，让那些找不到工作的大学毕业生羡慕不已。

只要你有强烈的学习欲望和学习精神，人生处处都能学习。只要你肯付出，你会比大学校园里的人学得更好。

1993 年，有一个小伙子高中没毕业，就因家庭贫困被迫外出打工。在屡次遭遇没有大学文凭、不懂英语带来的尴尬后，他暗暗下决心一定要学好英语。

1996 年，他成为清华大学第 15 食堂的一名临时切菜工。当同事们晚上打扑克的时候，他躲到操场的路灯下学英语。他从每月为数不多的工资里省下一部分用来购买二手书、二手收音机、二手磁带。为了

■有时候经验比知识更宝贵。

学英语，他甚至捡别人丢弃的英语书。他上班的路上塞着耳机听英语新闻，他缩短吃午饭的时间躲在食堂的饭橱后面背诵英语课文。后来他鼓足勇气，走到大学生中间参加英语角。遇到不懂的问题的时候，他便向清华大学的师生请教。

一天，食堂窗口挤满了人，学生们迫不及待地递进饭碗。他脱口而出："Would you please wait for awhile（请等一下好吗）？"声音不大，但清晰有力，学生们愣住了。"Thanks for your patience（谢谢你的耐心）！"他又笑着说了一句。从此，他的窗口成了英语窗口，总是排起一溜长队。清华学子们打饭的时候都用英语和他交流。

1999 年和 2000 年，他分别通过了国家英语四、六级考试。2001 年，他又在托福考试中获得了 630 分的高分。他就是被清华学生誉为"清华馒头神"的张立勇。

有人戏称自己就读于社会大学实践系，这所"社会大学"虽然不会给你发什么学历证书，却能教给你很多书本上学不到的真才实学。在现实社会中，有时经验比知识更宝贵。与那些刚刚毕业的大学生相比，这就是你的优势。

一个博士生毕业后在一家研究所找到了一份工作。他在所里是学历最高的人，所以有点自高自大，觉得别人都比不上他。

有一天，他去单位附近的小池塘钓鱼，正好碰到正副两个所长也在那里钓鱼。他只是冲他们微微点了点头，心想：不过两个本科生，有啥好聊的呢？不一会儿，正所长放下渔竿，伸伸懒腰，闲庭信步般地从水面上走到对面上厕所。博士非常吃惊，水上漂？不会吧？这可是一个池塘啊。正所长上完厕所，同样脚点水面从水上漂回来了。博士生感到好奇，但又不好去问——自己可是博士生。

又过了一会儿，副所长站起来，也飘过水面上厕所去了。这下子博士更是差点昏倒：难道这是一个江湖高手云集的地方？

博士生也内急了。这个池塘两边有围墙，要到对面厕所非得绕十分钟的路，而回单位上又太远，怎么办？博士生也不愿意去问两位所长，憋了半天后，也起身往水里跨：我就不信本科生能过的水面，我博士生不能过。结果，"咕咚"一声，博士生栽到了水里。

两位所长将他拉了出来，问他为什么要下水。博士生沮丧地问："为什么你们可以走过去呢？"两位所长相视一笑："这池塘里有两排木桩子，由于这两天下雨涨水被水淹没了。我们都知道这木桩的位置，所以可以踩着桩子过去。你怎么不问一声就盲目踩下去呢？"

如果没有考上大学，你可以考一些技能认证，比如计算机的思科认证、注册会计师、导游证等等。也可以专攻一门或几门外语，考个口译证书，这样你会比那些大学英语专业毕业的学生更受欢迎。如果家庭条件允许，你还可以选择出国深造。另外，你还可以从事技术性的行业，学习一些实用的技能做个优秀的蓝领，比如厨师、美发、电器修理等等。

【思路转换】

学历只代表过去，学习的能力才能代表将来。

第三节 早点工作是好想法

你是不是觉得应该上完学再找工作？

你知道什么才是真正适合你的工作吗？

三百六十行，你打算从事哪一行业？

你对自己想从事的行业了解多少？

你对自己了解多少？

你的优势在哪里？

……

上完高中考大学，上完大学找工作，找到工作再换好工作，这似乎是年轻人的必由之路。人们普遍认为无论如何应该上完大学再参加工作，否则找不到好工作。事实确实如此，但是如果只为得到一个文凭而上大学就会得不偿失。很多大学生在毕业之后感到很迷茫，不知道自己的出路在哪里，不知道自己适合干什么。于是，很多人又投入到考研大军之中。

有人说："上大学意味着你不知道自己要做什么，因此只好上大学。"据调查，43.9%的学生对自己填报的志愿并不了解，近半数的学生进入学校之后，对所选专业感到后悔。更多的学生大学毕业走上工作岗位之后，才发现社会上需要的专业技能与自己学到的专业知识差距很大。上大学并不能让你知道自己适合干什么，去工作反而可以。

如果你18岁高中毕业之后就开始工作，你将比22岁大学毕业之后再就业提早4年。在这4年里，上大学的人只能学到课本上的知识，即使半工半读也会以学业为主。你学的是社会上的知识和实际工作中的知识。如果你愿意，还可以边工作边学习书本知识。

一个22岁的大学毕业生虽然比你学历高，但是他也只能从一般的办公室职员开始做。当你22岁的时候，可能已经是一个不大不小的头目了。

如果你22岁参加工作，28岁发现自己入错行了，再想转行就有点晚了。如果你 18 岁参加工作，就有机会调整自己的方向。

那些成功人士之所以能够很快就成功，不是因为他们从学校里获得了多少知识，而是因为他们很早就知道了自己的优势在哪里。世界首富比尔·盖茨中途从哈佛退学，他知道编程是自己的优势，看准了计算机行业潜藏着巨大商机。

近几年来，韩寒、丁俊晖、茅侃侃、胡彦斌等一批 80 后没有上过大学就获得成功的人，在社会上掀起了轩然大波。他们的成功绝对不是偶然，他们的优势很早就显现了出来，他们知道自己的前途在哪里。韩寒在新概念作文比赛中获得一等奖，一举成名，很显然他的优势在于写作；丁俊晖的父亲慧眼识英才，在他小学没毕业的时候就让他退学去打台球，打台球就成了他的优势；身价过亿的财富新贵茅侃侃是初中学历，但是他 17 岁就拿到了微软、思科认证，当时全亚洲只有两人，他的优势在于计算机编程；胡彦斌在 16 岁的时候就获得上海亚洲音乐节新人歌手大赛的铜奖和最具潜质奖，未满 18 岁的时候，他发行的第一张专辑就征服了华语唱片界，可见唱歌是他的优势。

但是大部分人都不像那些让人炫目的 80 后那样，很早就发现自己的某项特长。要想尽早找到自己的优势，就应该早点找准自己的方向。

■人生的方向在实践中获得。

当然了，选择上学还是必要的。在上学阶段，大学生也不能"两耳不闻窗外事，一心只读圣贤书"，而是需要不断尝试，去发现自己的优势。

第二届中国青年创业周的"中国最具潜力创业青年奖"获得者董一萌在大学期间就尝试着创业。

大一时，他制作了中国第一部网剧《原色》，被国内200余家媒体争相报道。他创作这部网剧的目的是吸引风险投资，结果没有如愿。大三时，董一萌获得长春市新星创业基金10万元，创办了"一萌电子公司"，主营网站建设和软件开发。他是东北大学生创业第一人。

他的公司即将推出新一代社会化搜索引擎"deyeb"，如果能得到市场的广泛认可，下一届的中国IT创富排行榜上，也许就会出现董一萌的名字。

董一萌认为："凡事都要打出提前量，对人生的安排也一样。如果等到大学毕业工作两年后再创业，就太晚了。"

并不是说所有的大学生都应该走创业之路，但是每个大学生都应该在大学阶段为自己的未来做好准备。或者实习，或者打工，总之要为自己的出路做一些试探性的工作。否则等到毕业的时候，你会依旧茫然不知所措，不知道自己的路在哪里，不知道自己的优势是什么。

如果你对自己的未来感到迷茫，早点去工作是个不错的选择，你可以在工作中找到自己的方向。

【思路转换】

人生的方向在工作中确定。

第四节　让别人看见你

你是否觉得没有过硬的文凭、没有各种证书就很难找到工作？

你是否觉得一定要有一块很好的敲门砖才能引起别人的重视？

学历证书和各种资格认证确实很重要，它们能够引起雇主对你的注意。高学历代表你曾经受过良好的教育，积累了较多的理论知识；各种证书代表你掌握了一些专业技能。两个人同时去面试，一个是本科学历，一个是中专学历，如果不考虑其他方面的素质，雇主当然倾向于选择本科学历的人。因为用人单位可以简单地根据这些证书来判断你能否胜任工作。为了招到能够胜任工作的员工，用人单位一般会在招聘广告上写明对学历的要求。这让那些没有高学历的人感到很恐慌。是不是自己没有机会了？没有敲门砖，去找工作的时候就底气不足，好像没有敲门砖就注定找不到好工作似的。很多求职者看到自己的学历不符合招聘单位的要求就望而却步了。如果竞争对手的学历比自己高，就对自己失去信心了，觉得自己低人一等，不再对录用抱太大希望。

没有敲门砖就真的找不到好工作了吗？事实上，学历之所以重要，无非是因为它在一定程度上可以证明你的能力。换个角度思考，你能找到更有效的办法来证明自己的能力，那就是直接表现你的优势，让别人看见你。

有人向伍迪·艾伦请教成功的秘诀是什么，他回答说："让别人看见你！"既然引起别人注意如此重要，那么怎样让别人看见你呢？答案是"与众不同"。如果你的穿着打扮、说话方式或者做事风格与一般人不一样，就能引起别人的注意。不但要让别人看到你，而且要让别人看到你的优势。因此在让别人看到你的同时，你还要抓住机会，展现自己的能力，让别人刮目相看。

某位房地产商承包着一项大工程，有一天他亲自来到工地督导楼盘的兴建工作。一个渴望成功的毛头小伙子走到这位气宇不凡的工地大老板身边，问道："我怎样才能成为您这样的人呢？"

大老板看了看年轻人，然后说："买件红色衬衫，然后拼命工作。"

小伙子愣住了，他没听明白老板的话："红衬衫和成功有关系吗？"于是，这位老板用手指了指那些在工地上忙碌的工人说："你看看那边的工人，他们全是我的员工。但是，我不知道他们的名字，很多人都没有和我说过话。你注意到那个穿红衣服的人了吗？他很特别，人家都穿蓝色衣服，只有他一个人穿红色。他引起了我的注意。根据我近日的观察，他比其他工人都勤快，每天早到晚退，而且工作认真负责。我想找个人做工地的监工，他是最佳人选。如果他好好干的话，说不定会当我的副经理。"

小伙子按照大老板教给他的方法做了，果然成功了。他就是后来的美国钢铁大王安德鲁·卡内基。

穿上"红衬衫"——让别人看到你；拼命工作——让别人看到你的优势，从而肯定你的价值，做到这两点就可以成功了。

张辉是一所大专院校英语系的学生，毕业前曾在一家外贸公司实习。让他感到意外的是，这家单位主动和他联系，要聘用他。但当时和他一起实习的还有几个本科毕业的国际贸易专业的学生，跟人家比，他的专业不对口，学历又低，好像没有理由被选中。

正式上岗之后，他问经理："为什么选用我，而没有选用那个国际贸易专业的学生呢？"经理说："你和他们不同。那几个学生总是一身懒散的学生装，而你总是穿得比较正式。他们看别的员工叫业务员'老陈'，他们也喊'老陈'，你却叫他'陈老师'。别人整天无所事事，你却主动跟同事跑银行、跑海关。同事和外商交谈的时候，你总是认真地听他们说什么，而且很有心计地做记录。"

张辉说："我当时觉得自己比别人学历低，而且不是国际贸易专业，要学的东西很多，所以比别人更努力。"

虽然张辉并不是有意识地表现自己，但是他的成功恰恰是因为他让别人看到了自己的优势。他的成功还能给我们一些启发：如果文凭比不过别人，就要注意在细节上超过别人。

与众不同才能让老板看到你，不仅面试的时候如此，工作以后也是如此。当今社会人才竞争激烈，如何从众多竞争者中脱颖而出是个值得认真研究的问题。

■穿上"红衬衫"，让别人看见你。

　　如果你没有较高的学历或者不是从名牌大学毕业，确实很难让别人相信你的能力。如果你总是默默无闻，就更加容易被人忽略。表现的机会是争取来的，要想让别人看到你，那么就"毛遂自荐"吧！

【思路转换】

　　成功的秘诀之一在于让别人看见你！

第五节　到最顶尖的公司工作

　　每年都有数以万计的大学生涌入社会，就业难的问题一直困扰着大学毕业生。有人倡导大学生调整心态，放下架子，不要好高骛远。把心态放平很有必要，但是这使很多大学生开始否定自己，把求职要求降得很低。尤其是那些非名牌大学毕业的学生觉得自己一无是处，只要找到一份工作就满足了，甚至有点饥不择食。就业形势越来越严峻，加上舆论的倡导，使他们对自己越来越没信心，不敢奢望到顶尖的公司去工作。

　　有人认为在中小企业工作也是不错的选择。相对大企业来说，中小企业运作更灵活，新人可以得到更多的机会和更大的发展空间。更重要的是，中小企业提供的就业机会多，可以很快解决就业的问题。这些确实是中小企业的优势，但是很多小企业不太正规，不利于人才的长远发展。就提升个人的专业素质而言，大企业占有绝对优势。所以，为了自己事业的长远发展，还是应该到大企业工作。

　　想想看，如果你在工作经历一栏里写有你所从事行业中最顶尖的公司，这将是你的最大卖点，绝对能让你未来的雇主眼前一亮！所以，想办法到你所从事的行业中处于第一位的公司去工作吧，哪怕做跑腿也值得。

　　许英曾经在日化企业的龙头老大——宝洁公司实习过两个月，毕业后去广州一家中型的日化企业应聘。面试官对她的实习经历很感兴趣，问了很多有关宝洁公司的问题。事实上，两个月的时间，她并没有学到多少东西。

但是，当她把自己知道的讲出来的时候，面试官很满意，当场录用了她。

难道你真的只想做跑腿吗？如果你在大企业工作一段时间，只是为了得到一个曾经在大企业工作的幌子，岂不是有点自欺欺人？

小孙为了进入一家世界 500 强企业使出了浑身解数，最后他说："只要让我进公司，看门我也愿意！"

■借力发力，会比别人早到终点。

没想到迎接他的真的是传达处的工作，每天喝茶、看报纸、发放信件。也许他再找工作的时候，在名牌企业的工作经历会让他引起雇主的注意，但是这份经历并没有给他带来实质性的知识和经验。

在刚刚进入大企业的时候，即使给你安排了跑腿的工作，也要在给别人打杂的同时注意观察和学习。在大企业工作的真正价值在于你可以了解公司的经营理念和管理模式。行业第一是同行业的中小企业追赶的目标。小企业和大企业的主要差距在于经营理念和管理模式。小企业的老板之所以喜欢录用那些曾经在大企业工作过的员工，主要也是看中了这一点。

除了有先进的经营理念和管理模式之外，大企业还可以给你带来很多小公司无法比拟的好处：

1. 可以了解本行业最先进的设备、最尖端的技术，这些知识让你超越了那些在小公司里工作的同行。

2. 在大企业里，你的同事都是行业的精英，无论是能力还是智慧都是一流的。你可以学习他们的优点，很快成长起来。

3. 在顶尖公司工作之后，你会拥有行业中最可宝贵的人脉关系。不管是向那些行业精英请教还是合作，你都会比别人更容易成功。

4. 大企业可以给你提供很多进修、培训的机会，这是中小企业没法比的。你可以得到更高的资格认证和更大的发展空间。

5. 在顶尖公司工作，可以让你建立信心——既然最顶尖的公司你都去过了，还能有什么是你应付不了的？

能够在一家国际知名的大企业工作是每一个求职者的凤愿，但是怎样才能进入那样的大企业呢？你可能会说，我刚刚毕业，既没经验又没能力，找一个普通的工作都困难，更不用说能到国际知名的大企业工作了。记住，你到顶尖公司去为的是学习，而不是为了找工作。至于怎样才能让顶尖公司接受你，只要你一心想进入，还怕想不到办法吗？

当一个鲁莽的年轻人来到微软公司面试时，总经理感到很疑惑，因为公司最近并没有刊出招聘广告。年轻人用不娴熟的英语解释说，他知道微软是计算机领域的顶级公司，很想到这里工作，今天正好路过，就贸然进来了。总经理觉得很新鲜，就破例给了他面试的机会。

没想到，这是有史以来最糟糕的一次面试。这个年轻人只有中专学历，与微软要求的本科学历不符，而且他对很多基本的专业知识都不是很清楚。眼看总经理要回绝他了，这个年轻人说："对不起，我没有事先准备好。"总经理随口说道："那好，给你两周时间，等你准备好了再来面试。"

年轻人回去之后，就找了计算机专业的书籍认真学习。两周之后的第二次面试，他已经能够回答出基础的专业问题了。但是，离微软的要求还很远。总经理问他："你对微软的其他岗位感兴趣吗？比如，销售部门。"年轻人接受了，但是他对销售方面的知识一窍不通，于是申请了一周回去学习。

他买了一些销售方面的书籍埋头苦读，一周后有了很大的进步，可惜面试的时候还是达不到微软的要求。总经理很自然地给了他第三次回去学习的机会。当他第四次踏入总经理办公室的时候，总经理笑着对他说："其实在第三次面试的时候，你就已经成为微软的一员了。你接受新东西的速度非常快，有很大的发展潜质。而且，你很乐观，敢于尝试，敢于接受挑战，没有因为被拒绝而退缩，这正是我们需要的人才。"

对于应届毕业生来说，要想进入大公司最简单的方法就是利用"实习"这个跳板。微软中国公关部的有关人士透露，对企业来说，实习职位也是随机产生的，部门随时都有用人的需求。而且，微软对申请人实习职位申请的数量不做任何的限制。其他行业大致也是如此。因此，要想争取到实习的机会，有以下三种有效的方法：

1．利用网络资源。经常浏览名牌企业的官方网站，就能获得最新的实习信息。

2．利用人脉关系。找导师或者在名企工作的校友推荐。

3．自己直接向人力资源部申请。

【思路转换】

会当凌绝顶，一览众山小。

第六节　帮别人泡茶

你是不是认为给老板端茶倒水不是你分内的事？

你是不是觉得溜须拍马的人没什么本事？

你是不是很清高，不屑于跟老板套近乎？

你是不是觉得应该靠自己的真本事获得升迁？

……

大学毕业生是人才，应该受到礼遇，应聘的职位又不是服务员和清洁工，怎么可以做端茶、倒水、擦桌子、扫地这些琐事呢？换个角度想一想，大学生虽然不是服务员，但是给老板端茶倒水难道不是对老板起码的尊重吗？大学生虽然不是清洁工，但是维护办公环境的干净整洁难道不是分内的事吗？

很多刚参加工作的人不屑于给老板泡茶，他们觉得只有没什么本事的人，才会跟老板套近乎。他们觉得自己完全没有必要来那一套，凭自己的真本事照样能赢得老板的赏识。事实上，抱有这种想法的人很难得到老板的赏识。因为也许你在公司工作几个月之后，老板连你的名字都叫不出来，何谈赏识？

没错，影响你在办公室地位的最重要的因素是你的工作能力，但是，搞好人际关系对事业的发展同样有很大的影响。在办公室文化中，情商比智商更重要。如果有两个员工，一个智商高情商低，一个情商高智商低，老板会更喜欢后者，因为情商高的人让老板乐于与他沟通，而且让他从中感到受到极大的尊重。尊重领导是员工的本分，你尊重领导，领导才会重视你。

要想让领导重视你，首先要在工作上让领导满意。你必须服从领导的安排，领导临时指派给你的工作，比你手头上的工作更重要。其次，要懂得把荣耀归于老板，不要抢了老板的风头。人们总是喜欢那些给自己帮助、对自己有用的人。身为小职员，怎样才能让领导觉得你是有用的呢？帮领导擦擦桌子、泡壶茶、倒杯水、整理整理文件……不要小看这些事，这些事是位高权重的人不愿意做的，但又是每天必须面对的事。如果你替领导做了，就能让领导切身体会到你是有用的。

如果你对自己的口才有信心，当然可以适当地对领导"拍马屁"。其实，"拍马屁"的本意就是赞美别人。但是赞美要轻描淡写、不露痕迹，

■ "马屁上没有指纹，但是，你已经拍过。"

如果言过其实就会给人真的在拍马屁的感觉。虽说领导大多喜欢别人拍马屁，但是如果是违心的赞美或者你所称赞的内容与事实不符，就会招人厌烦。

小张的工作能力还可以，但是在公司工作 5 年了，总是没有升迁的机会。主要原因就是他不会讨老板喜欢。看着同事一个个都升迁了，自己还是一个普通的职员，小张心里很着急。他的一个朋友传授给他一招最讨老板喜欢的做法：假装忙、假积极、拍马屁。没想到，老板不但不买账，反而更加讨厌他了，以至于在一次裁员中将他炒鱿鱼了。

他去找朋友算账，朋友对他说："那只能怪你的演技太差了。"

所以，如果你的口才不怎么样，演技也不是很好，最好不要尝试拍马屁，还是为老板做一些力所能及的小事来得实惠。

要想让老板喜欢你，除了平时对他施点小恩小惠之外，你还应该让自己的言行与老板合拍。

调整你的表，让你的表和老板的表一致。	你的工作效率要符合老板的要求。
调整你的价值观，让你的观点与老板的观点一致。	请记住你是为老板服务的，从某种意义上说，老板就是上帝。
研究老板的性格，然后在你的言行中表现出那些品质。	如果老板是个做事果断的人，你就不可以犹豫不决；如果老板是个做事稳重的人，你就不可以急躁冒进。
研究老板的喜好，然后投其所好。	如果老板是个足球迷，就适时地把刊登足球战况的报纸递过去。

工作中搞好人际关系很重要，你不仅要学会讨老板的欢心，而且要寻求贵人的帮助。尤其对那些刚刚步入职场的社会新人来说，如果没有贵人的帮助，很难爬到较高的职位。贵人不一定身居高位，也许是你的

同事、朋友或者同学，只要他们在经验、知识、技能等方面比你略胜一筹，就有可能启迪你的思想或者给你传授经验，从而缩短你成功的时间。对待你身边的贵人，要像对待老板一样想办法讨他们喜欢，这样他们就会想办法帮助你。

【思路转换】

　　在老板面前太清高，会使自己陷入绝境。

第七节　没有什么不能忍的

　　刚刚开始工作时，每天重复接听电话、整理文档。你会不会觉得永无出头之日？

　　进入一个新环境之后，没有人在乎你。你会不会感到苦闷彷徨？

　　上司还不如你懂得多，却对你指手画脚。你会不会很不服气？

　　同事们瞧不起你，甚至戏弄你。你会不会恨不得一走了之？

　　……

　　刚刚参加工作的年轻人往往会遇到上面列举的这些问题，这些问题确实会给人很大的打击。新人本应该受到呵护和提携，没人提携也就罢了，居然还受到如此无礼的对待。不少人觉得这是公司的环境不好，不尊重人才，于是没工作多久就另谋高就了。没想到跳了几次槽之后，才发现新人到了哪里都不会受到重视。

　　20 世纪 70 年代，一批年轻的电脑程序员提出"蘑菇管理原则"。刚刚进入职场的社会新人应该对这种蘑菇管理原则很熟悉。初出茅庐的年轻人一般都不受重视，做一些打杂跑腿的工作，就像被放在阴暗角落里的蘑菇一样。由于对工作不熟悉，新员工免不了出错，出了错就会受到批评指责。有时，即使不是你的错也会推到你头上，因而新人常常代人受过。新员工很多东西都不懂，需要尽快学习，但是如果你胆敢请教老员工，一般人会嫌你烦。

社会新人本来对生活充满激情，对未来充满希望，没想到会受到这种冷遇。于是，一些人开始灰心丧气，越来越没热情，就像蘑菇在潮湿的环境中发霉了。

正确对待这种遭遇的态度应该是接受这种环境，然后积聚实力，等待机会。刚参加工作，没有经验，只能干一些打杂跑腿的事，但是你可以观察别人是怎么工作的，借鉴一些经验。别人对你的批评和指责是好事，可以让你迅速地成长起来。

每个年轻人都要经历从苦媳妇熬成婆的过程。初入职场的时候，应该把握好分寸，既不能受不了别人的批评和指责，也不能忍得过了头。

李芳毕业于一所名牌大学，毕业后到一家事业单位工作。她的主要工作是写材料，可是作为新手，她对公文写作还不是很熟悉。每次写完之后，她都让同事老于帮她修改，然后再拿给科长审批，科长会对她的文章再进行修改。

经过一段时间的练习，她的材料写得越来越好了。老于已经挑不出什么毛病了，可是科长还是对她的文章乱改一通。李芳虽然心里不高兴，但是仍然表现得很谦虚，每次都请科长批改，就这样改了两年。老于觉得科长太不留情面了，很为李芳抱不平。李芳说："科长当然可以修改科员的文章。再说，只是修改文章而已，又不是修改你的人生。"

后来，由于李芳谦虚、勤奋，科长把她推荐到上一级的宣传部门。如果当初李芳自视太高，表现出对科长的不满，必然得不到科长的推荐。

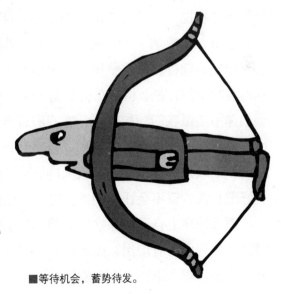

■等待机会，蓄势待发。

有一次，科里要写一份重要文件，科长亲自执笔。写完后，需要送到上级部门让李芳把关。很快，李芳把修改好的文件送回来了。科长看后说："修改得很好嘛！"李芳笑道："哪里，哪里，还是您写得好。"结果，这份文件得到了上级的好评。

老于很佩服李芳的气度，李芳说："要想出人头地就得学会忍耐，成全别人，也成全自己。"

俗话说"吃得苦中苦，方为人上人"。很多身居高位的大老板也是从最简单的工作做起的，比如华人首富李嘉诚先生曾做过茶楼的伙计，还做过推销员。如果你没有经验、没有一技之长，就必须从最简单的工作做起。你可以慢慢积累经验，不断向自己提出挑战。只要心怀梦想，就能一步一步走向辉煌。

惠普前 CEO 卡莉·菲奥瑞娜曾经在一所大学讲述她的成长历程。

卡莉的第一份工作是接待员。她每天的工作是接听电话、打字、整理文档，这份工作她干了一年。后来她进入了当时在美国最受男权控制的电话电报公司。

有一次，老板向客户介绍她时说："这是卡莉·菲奥瑞娜，我们这儿的小妞儿。"卡莉竭力压抑自己的怒火，尽力讨好客户。会面结束后，她找到老板说："以后再也不许这样对待我！"

后来，她参加了一个项目，与她合作的是一群男性销售经理。他们看不起她，觉得应该整整她。一个重要的客户准备前来访问，卡莉想趁机向客户介绍自己。但是在会面前一天，一个同事告诉她："非常抱歉，恐怕你不能跟我们一起去了。客户听说有一家叫作'董事会议室'的餐厅，他想在那里见面。"所谓"董事会议室"，实际上是一家脱衣舞夜总会。卡莉感觉自己受到了极大的侮辱。她考虑了两个小时，最后说："好吧，我希望不会让你们不太舒服，但是我无论如何都要一起去。"

那天她穿上自己最保守的套装，提着一个公文包到了那里。当她进门时，舞台山正有演出，而她必须沿着舞台才能走到她的同事那边。她走了过去，竭力维护着自己的尊严。

这件事之后，她的男同事们再也不敢瞧不起她。

上司的批评、同事的指责以及恶劣的工作环境都是对你的测试和考验。请记住，别人无法决定你的价值，能够决定你的价值的人只有你自己。你或者选择愤愤不平，继续让别人看不起你，或者奋发图强，让别人对你心服口服。一味地忍让会让你变得懦弱，只有不断积聚力量，才能在忍耐中进步。经受过一些挫折的考验之后，你会变得更强。

【思路转换】

把眼光放远点，经受磨砺之后，你会有更大的提高。

第八节 辞职吧

有些人平时表现出对工作极大的不满意，却迟迟下不了辞职的决心。因为他们有重重顾虑，害怕辞职之后会失去很多东西。辞去工作首先会断了自己的生活来源，给自己带来经济压力。其次，辞职后，一下子从忙碌的工作状态到无所事事，会带来空虚感，并造成极大的精神压力。最重要的是，辞职以后怎么办？未来的出路在哪里？对未来的忧虑、对未知的恐惧让人们不敢轻易放下手中的饭碗。

因此，尽管现在的工作有种种不如意的地方，比如对工作不感兴趣、得不到老板的重视、英雄无用武之地、工资太低、工作很辛苦、老板太苛刻等等，他们还是不辞职，不是不想，而是不敢。结果，每天一踏上去公司的路就心烦，一想到工作上的事就头疼，一领到少得可怜的薪水就唉声叹气，就这样一天天地熬着自己。

实际上，这种煎熬对个人和公司都没有好处。对个人来说，整天混日子，既浪费时间又不利于事业的发展。既然无心工作，就不能创造出应有的效益，对公司来说也是一种浪费。与其这样，还不如辞职算了。工作那么长时间了，辞职之后正好给自己放个假。也许你会说，衣食都没有着落了，哪有心情度假呀！别那么紧张，辞职并没有那么可怕，说不定还会给你带来惊喜。

如果你对薪水不满意或者觉得老板对你不够重视，那么就在辞呈里写明你的不满，然后理直气壮地交给老板。如果老板对你表示挽留，说明你是适合这份工作的，而且这个单位离不开你。你可以爽快地提出你的要求，老板会酌情满足你的。如果老板批准了你的辞职申请，说明你的工作做得不是很好，对这个公司没什么贡献，再待下去也不会有太大的前途。发现自己不适合那份工作可是一大收获，否则你会浪费多少时间呀！另谋高就对你来说是更好的选择。

如果你对工作不感兴趣，就应该尽早辞职，没有什么比入错行更要命的了。为了工作而工作，很难出人头地。只有在自己感兴趣的领域发展，才能创造出辉煌的成就。

一个年轻人在某家广告公司做业务员，工作一段时间之后，他发现自己对这份工作毫无兴趣。当然，他的业绩很糟糕。

有一天，他来到经理办公室，对经理说："我申请辞职，我决定做一个鼓手。"

■人生的错误有时就在于坚持了本来应该放弃的。

经理说："我还不知道你会打鼓。"

年轻人说："现在还不会，但是我一定会学会的。"

几年之后，这个年轻人与几个志同道合的朋友组建了奶油乐团，他在这个乐团里担任鼓手。这个年轻人的名字叫金吉·贝克。

当初，他之所以能够义无反顾地辞职，是因为他忠于自己的兴趣。

如果你的构想和提议一再遭到拒绝，那么你就辞职吧！要么是你不适合这份工作，要么是领导的水平太低，总之你没有留下的必要。

小张思维很活跃，有创造性，总能想到一些奇怪的点子。他觉得自己适合从事广告行业，于是毕业后他进入了一家广告公司做创意人员。但是，由于创意总监的观念和他的作品风格大相径庭，导致他的方案总是被否决。

经过几次失败之后，他决定离开这个公司。他对自己的作品很有信心，认为问题出在那个创意总监身上。果然，他拿着自己的作品到一家知名的广告公司应聘，得到了很高的评价。他在那家公司如鱼得水，很快就得到了提拔。

很多人是因为某种偶然的原因，走上自己的岗位的，事实上他们并不真正适合那份工作。你应该客观地评估一下自己的优势在哪里，然后选择相应的职业。

华特在一家科技公司担任业务总监。他的压力很大，每天把自己埋在一堆公文和工作会议中，简直要窒息了。紧张的工作让他患上了高血压。糟糕的身体状况迫使他辞职了。辞职后，他开始冷静地思考自己到底想要什么样的事业，适合什么样的工作。他恍然明白业务总监的工作并不是他真正想要的。当时他是网站工程师，和人力资源部的主管关系不错。后来，业务主管的职位空缺出来了，那位主管就让他担任这个职务。这个职务比网站工程师的薪水高，而且更有权威性，华特就欣然接受了。直到把身体累垮了，华特才发现自己根本就不适合那份工作。

华特终于明白，网站设计比企业管理更能给他带来成就感。他决定重新做网站工程师的老本行。从此他变得健康而有活力，事业发展得非常顺利。

工作并不仅仅是挣钱的途径，在工作中你应该体现出自己的价值。当年，大科学家法拉第选择到皇家科学院工作时，有人告诉他那里的工资很低，而且工作很辛苦。法拉第说："工作本身就是一种报酬。"

某名牌大学的一个博士生毕业后，到沿海城市找工作。很多单位都抢着要他，最后他选择了一家待遇最好的私企。这家公司的老板虽然没文化，但是很尊重人才，对博士礼遇有加。这让博士很感动，但是没多久他就受不了了。因为老板并不让他做实在的工作，而是天天带着他去应酬。在商界酒会上，在高尔夫球场上，老板逢人就介绍："这是我高薪聘请的名牌大学的管理学博士。"显然把他当作了一件首饰来炫耀。博士觉得这是对他的侮辱。为了摆脱窘境，他花时间研究了该企业在管理方面的弊端，写了一份《企业管理意见书》。但是，老板对此毫无兴趣，仍然只让他参加各种应酬。

博士忍无可忍，终于向老板递交了辞呈。老板很诧异："难道我给你的报酬不够高？"博士说："我对薪酬很满意，但是我不想当花瓶。既然这里没有什么实在的事可干，我只好走了。"

你是不是对自己的前途没有信心，担心辞职后找不到更好的工作？纵身一跃时，如果不知道自己的落脚点在哪里，确实很可怕。但是，一拖再拖地浪费生命和青春才是更可怕的事。

【思路转换】

与其痛苦地坚持，不如勇敢地放弃。

第九节　被炒鱿鱼是件好事

恐怕没有人希望被炒鱿鱼。丢了饭碗，以后靠什么吃饭？经济上的损失是小事，更重要的是自己的自尊心将受到严重的伤害。很多人被炒鱿鱼之后，对未来失去信心，产生很多消极的想法：

我没有干好这份工作，看来我真的没有能力；我得不到别人的认可，看来我真的很没用；我一无是处，没什么指望了；我是个天生的失败者，这辈子不会有什么前途……

一个人失业之后，觉得

■有时生活中不仅仅有一个太阳。

丢脸，为了不让家人知道，每天早出晚归，假装还在上班。现实中，这样的故事并不少见。失业后，有些人从此一蹶不振，沉浸在沮丧的情绪中，害怕自己再也找不到工作。他们没了目标和理想，对生活不抱希望，厌弃自己，仇视社会，甚至走上了自杀的绝路。

被炒鱿鱼虽然不是件值得庆贺的事，但是也大可不必为此自怨自艾。只要你转换一下思维的角度，就会发现被炒鱿鱼也不失为一件好事。

既然被老板否定了，说明你没有把工作做好，再做下去也不会有太大的前途。早点离开那里，你就能早一些找到适合自己的工作。感谢上天又给了你一次调整人生方向的机会吧，这将使你的人生更丰富。并不是每个人都有这样的机会，不少人一辈子只能平平淡淡地做一份工作。

这是一次反省的机会，想想看，你在工作上有哪些地方做得不好？为人处世方面有哪些地方处理得不好？被炒鱿鱼肯定是有原因的，如果实在不清楚自己哪里做错了，就请辞掉你的老板告诉你。改正错误，你将得到很大的提高！

丢了工作你就自由了，不用每天按时出门按时回家了，不用再为工作的事操心了。这并不是让你从此消沉懈怠下去，而是让你给自己一个自由自在的心境，不要盲目地否定自己。也许，被解雇并不是你的错。

失业没什么大不了的，只是让你从忙碌的人生中抽出一点空当罢了！上帝给你关上一扇门的同时，会给你打开一扇窗的。只要你愿意，就能找到一份更好的工作。

约翰本来在公司担任部门主管，但是在40多岁时他失业了。这对他的打击非常大，简直不敢面对这个事实，更没脸告诉自己的妻子。好几个月，他假装自己还在上班。他觉得自己是个彻头彻尾的失败者，人生最大的悲哀莫过于此。

后来，约翰的妻子发现存款在一天天减少，逼问之下才知道约翰失业了。妻子陪他去了职业介绍所，遗憾的是工作人员告诉他们40多岁的失业主管太多了，几乎所有企业只要35岁以下的员工。妻子告诉他："某个地方一定有适合你的工作，只要你不断地去敲门，总会有一扇门为你打开的。"

几天后，约翰遇到了一个很久没联系的大学同学。闲聊之中知道他在某公司担任人事部的经理，他的公司正好需要一位部门主管。约翰试探着把自己的情况说了一下，问老同学可不可以让他试试。结果，他顺利地进入了那家公司，比以前的待遇还要好。

面对被炒鱿鱼这件事，最重要的是要调整好心态。只有客观、理性地对待这件事，才能从中吸取经验，总结教训，更好地走向人生的下一步。如果你被开除了，按下面5个步骤做，然后就能尽快走出阴霾，走向新的目标。

坦然接受	不做逃避的懦夫，勇于面对被炒鱿鱼的事实。
认真反思	找到自己被炒鱿鱼的原因，引以为戒。
客观评价	对自己的优势和劣势做一个客观的评价。
展望未来	研究一下哪些工作能发挥自己的优势，避免自己的劣势。
付诸行动	整理好自己的简历，精神饱满地去找那些更能让你发挥价值的工作。

【思路转换】

被炒鱿鱼了是好事，这是迈向更好的工作的契机。

第十节　创业

"你创业了吗？"这句话曾是美国硅谷人见面时的问候语。创业意味着冒险和付出，也意味着失败和挫折。对大部分大学毕业生来说，找工作是理所当然的事，创业似乎有点遥不可及。创业确实不是轻而易举的事，谁能保证创业一定能成功呢？媒体上报道的创业成功者确实让人羡慕，殊不知创业失败者更是多如牛毛。那些成功者，又需要经历多少不为人知的磨砺和打击才能取得成功呢？

总而言之，创业难！于是，很多大学生想都不想创业的事，就投入求职的大军，"心甘情愿"地给别人打工，放弃了那条辉煌的创业之路。他们苦苦地在基层挣扎。但是谁都不想被别人呼来喝去，谁都想走上管理层，渴望向上爬的机会，于是他们向上、再向上！然而，不管你多么努力，工作10年之后走上副总的职位也已经是相当不错的成就了。但是，副总仍然是给别人打工，听别人的差遣。那些不幸的大多数人，一辈子只能停留在普通职员的职位，在别人的指挥下过日子。而选择创业，可以让你一开始就站在最高位。

其实，大多数人还是渴望创业的，但是他们不敢创业，种种困难使创业变得不太可行。

就算有渴望创业的一腔热血，在这些困难面前也会渐渐冷却了。这些困难看似有道理，其实都是一些借口。

没有足够的资金是最常见的借口，没钱怎么创业？其实，创业并不需要太多的资金，如果钱太多了，也就无

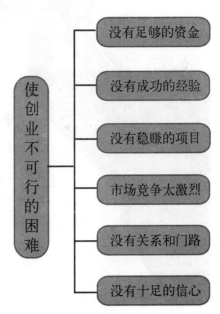

使创业不可行的困难
- 没有足够的资金
- 没有成功的经验
- 没有稳赚的项目
- 市场竞争太激烈
- 没有关系和门路
- 没有十足的信心

所谓"创业"了。面对这个问题，你有三种选择，一是先做小本生意，逐渐扩大规模；二是选择银行贷款；三是找投资商合作。

正方培训中心总经理魏先生在开办电脑培训班的时候，只有一台486的二手电脑。没有教室，他就在一间位于七楼的民房内给学员讲课。他的创业资金全部加起来也不到3000元。但那对当时的魏先生来说，也是倾其所有了。创业的欲望和不达到成功不罢休的决心让他迈出了第一步。经过几年的拼搏，他的培训班不断扩大规模，现在已经有超过百万的固定资产。正方培训中心也在业界小有名气了。

没有成功的经验？这个借口更加可笑，任何人在创业之初都没有成功的经验，否则也不能叫"创业"了。经验需要在创业过程中不断积累，那些成功者也不是天生就能够成功的。

有些人一心想创业，但是不知道做什么好。做这个觉得风险太大，做那个又觉得没有把握，他们总想找到一个稳赚的项目，然后再投资。

■敢于尝试，难题就会迎刃而解。

世界上哪有稳赚不赔的买卖？项目无所谓好坏，经营策略才是最重要的。再好的项目，如果你不擅长经营，也可能会搞砸了。比如，房地产是公认的高利润行业，但是在所有的房地产公司中，经营成功的不到30%。

市场经济是鼓励竞争的，只有竞争，才能加快企业的发展。创业必然要经过竞争浪潮的洗礼，才能在市场上存活。优胜劣汰的机制看似残酷，其实只要你妥善经营，对自己的产品和服务水平精益求精，就能赢得顾客的青睐，打败竞争对手。如果指望在风平浪静的环境下创业，那是痴人说梦。

在创业过程中，人脉资源非常重要，所谓"朋友多了路好走"就是这个道理。刚刚涉足一个领域，你需要和客户、竞争对手、合作伙伴以及工商管理部门打交道，如果搞不好这些关系，就会处处碰壁。关系是逐步建立起来的，只要你善于维护，很快就能打开局面。

以上的种种借口，说到底都是因为对自己没有信心。如果有敢闯敢干的精神，胆子大一些，敢于尝试，前面的问题都会迎刃而解。其实你比别人缺少的只是自信而已，拿出"不入虎穴，焉得虎子"的勇气，又有谁敢说你不能成功？在创业之初经历挫折和困难是必然的，但是只要你有自信，就能走出低谷，走向成功。

近几年非常流行的《穷爸爸，富爸爸》一书告诉我们，只有自己创业，才能获得经济的自由。如果你不想庸庸碌碌地过一辈子，那么就自己创业吧！创业虽然不容易，但是也不像大多数人想象得那么难。没错，创业是有风险的，走创业之路，不能保证你过上平衡稳定的生活。但是，它可以让你的人生更加丰富，而且很可能会给你带来成功。

【思路转换】

宁为鸡首，不为牛后。

#

你的观点是对还是错

第一节　说出你的真实想法

当你在表达自己对某件事的看法之前，会不会考虑以下几个问题：

如果侵害到别人的利益怎么办？

别人不赞成怎么办？

如果我说出来，别人会不会不高兴？

如果我说出来，别人会不会笑话我？

我应该怎么说才能让对方喜欢我？

你会不会由于以上的种种顾虑，不敢说出自己的真实想法。人们普遍的心理是不愿意得罪别人，不愿意和别人发生冲突，于是常常让自己的思想和观念向大多数人的思想和观念妥协。另外，人们都在不同程度上有从众心理，认为大多数人的观点是正确的。人们渴望自己在团体中找到安全感，当自己的观点和大多数人的观点不一致的时候，就会对自己的观点产生怀疑。甚至，为了迎合大多数人的观点，有些人会放弃自己的观点。

安徒生童话《皇帝的新装》形象地描绘了深受别人的观点和言论影响的人们。明明大家都看不见那件"新装"，但是没有人敢承认。因为精明的骗子设下了一个陷阱："任何不称职的或愚蠢得不可救药的人都看不见这件衣服。"谁敢承认自己看不见这件衣服，就证明他是不称职的或愚蠢得不可救药的人。既然别人都看得见，自己怎么能看不见呢？所以大家都违心地称赞那件看不见的衣服多么漂亮。最后，让一个小孩来指出"皇帝什么都没穿"的事实，实在具有讽刺意味。

不要太在乎别人的观点，大多数人的观点不值一提。英国剧作家奥斯卡·王尔德说："多数人是不相干的人。他们的想法是别人的意见，他们的生活是东施效颦，他们的热情是拾人牙慧。"大多数人都只是在随波逐流而已，这样，人数再多又有什么意义呢？

只有说出自己的想法，才能展示自己。如果你总是默默无闻，没有人能注意到你的存在。在课堂上，勇于发言的学生更受老师和同学的欢迎；在公司会议上，勇于发表自己意见的员工更容易得到老板的青睐。适时地表达自己的看法，可以告诉别人你是有思想、有见解的人。要想受到别人的重视，最好的办法就是说出自己的想法。

只有说出自己的想法，才能维护自己的利益。你不说出自己的想法，就没有人知道你的愿望。如果迟迟不肯向心上人表达爱意，你就只能错过美好的姻缘。如果一直不向老板说出你对薪水不满意，问题就得不到解决，你就只能保持不满意的状态。为了维护自己的利益，你应该把自己的想法说出来。

只有说出自己的想法，才能实现自己的价值。真正属于你自己的想法应该是具有创造性的，独一无二的，因而是有价值的。那些被历史记住的各界名人之所以能够得到世人的认可，就是因为他们表达了"自己的想法"。

明末清初的著名画家八大山人，在我国美术史上具

■让世界听到你的声音。

有极高的地位。他的画都是大写意的画风，笔情恣纵，逸气横生，精练传神。他之所以能够独树一帜，不在于他的画工多么精细，而在于他的每一幅画都真真实实地表达了自己的心灵。几秆枯荷，几块怪石，都能让人感觉到他那倔强不屈的气节和冷峻孤傲的风骨。

有些人总是为了迎合别人而妄自揣测别人的意思，结果丢了自己的观点。还有些人一味地模仿别人，结果只能是东施效颦、弄巧成拙。有位哲人说："人是观念的动物，只会重复别人的观念的是鹦鹉。"

法国摄影师吉尔伯特·贾辛已经80多岁了，在摄影界很有名望。很多年轻的摄影家都把自己的作品给他看，希望得到他的指点。看过很多摄影作品之后，这位老摄影师说："这些作品中，99%都有很高的水准，但是98%的内容都是我以前看过的，不是新的东西。很显然，这些摄影师没有自己的观点。如果有，那就是他们在揣摩我的喜好，尽力创作出让我喜欢的作品。"

在我们的生活中确实如此。学生为了迎合老师和家长的喜好，而不敢说出自己的真实想法；求职者为了迎合面试官的喜好，而不敢说出自己的真实想法；员工为了迎合老板的喜好，也不敢说出自己的真实想法。不要再刻意地迎合别人了，把自己的观点表达出来，你更能得到别人的欣赏。

法国思想家伏尔泰说："我不一定同意你说的每句话，但是我誓死捍卫你说话的权利。"所以，不要再为了种种顾虑而放弃自己说话的权利，勇敢地说出自己的真实想法吧！

你应该有自己的观点，你的观点是什么？大胆说出来吧！

【思路转换】

让世界听到你的声音！

第二节　护卫自己的独特观点

如果你的观点和别人的观点不一样，你敢不敢表达出来？

如果你的观点被别人否定，你会不会怀疑是自己错了？

如果你的观点被别人嘲笑，你会不会感到很丢脸？

如果你的观点受到别人的抨击，你会不会放弃自己的观点？

……

观点独特似乎不是什么好事，与众不同的观点往往会被视为异类。"木秀于林，风必摧之"，在一个团体内，如果谁的观点与众不同，就会遭到否定和嘲笑，甚至遭到无情的抨击。因为与众不同的观点会把你和团体中的其他人区分开来，招来背叛的嫌疑。

很多人即使有了独特的观点也不敢表达出来，因为那样会冒天下之大不韪，成为众矢之的。就算说出来了，也会在否定和嘲笑声中放弃自己的观点。在团体中，只有领导者对于该往何处去有自己的想法，群众则像羊群一样跟在领导者的后面亦步亦趋。如果有哪只羊走出团队，去寻找别的出路，即使不遭到打击，也会迎来诧异和惊奇的目光。能够产生独特观点的人确实是少数，能够看到独特观点的价值，在众目睽睽之下我行我素的人，更是凤毛麟角。

但是，不管别人的态度怎么样，我们应该勇于护卫自己的独特观点。

捷克导演杨·斯凡克梅耶一直用超现实主义的手法表现社会习俗以及社会各阶层之间的矛盾。他的创作手法很奇特，作品内容充满恐惧、残酷、挫败的气氛，类似于卡夫卡的黑色幽默。比如，大片的肉块连走带跑地到处移动；绞碎的古董玩具被用来煮羹汤；当发怒的木偶彼此以木槌打击对方时，老旧图片中的脸孔，迷惑地在一旁注视……

1975年，他的作品曾遭到打压。但是别人的否定和打压并没有使他放弃自己的风格。今天他的作品被视为捷克的国宝。

先前被打压是因为他的作品错了吗？还是否定他的人错了？后来赢得赞誉是因为他的作品对了吗？还是因为他的作品依旧错，肯定他的人错了？实际上，他的作品还是那些作品，没有改变。他的作品不能用对错来衡量，只是人们看问题的角度不同而已。

难得的是他始终坚持自己的观点，没有因为别人的否定而放弃。

观点无所谓对错。对错的评判标准都是相对的，站在这个角度看是对的，站在另一个角度看就是错的。庄子在《齐物论》中写道："毛蔷丽姬，人之所以美也，鱼见之深入，鸟见之高飞，麋鹿见之决骤，四者孰知天下之正色哉？"站在人类的角度看，毛蔷和丽姬是美女，但是对于鱼、鸟和麋鹿来说，却唯恐避之不及。可见，美丑并没有绝对公正的评判标准。现在的女士们热衷于减肥，好像只有骨感美才算美。其实，丰腴富态何尝不是美的一种？

什么是幸福？怎样才快乐？如何算成功？这些观念上的问题都是仁者见仁，智者见智，不能说谁的见解更正确。有人喜欢平平淡淡的日子，认为那是幸福；有人喜欢忙忙碌碌的感觉，认为那是幸福；有人喜欢温馨浪漫的气氛，认为那才是幸福。有人觉得和家人共享天伦之乐是快乐的事；有人觉得和朋友一起唱卡拉OK是快乐的事；有人觉得一个人去名山大川旅游才是快乐的事。有人认为成为亿万富翁才算成功；有人认为成为政府要员才算成功；有人认为成为众人瞩目的名人才算成功。

人们对于做人的标准和与人交往的原则同样大相径庭，各有各的看法和主张。有人觉得做人应该老老实实、安分守己；有人则喜欢打破常规、标新立异。有人认为吃亏是福，对别人宽容大度；有人则勇于维护自己的利益，努力争取属于自己的权益。这些都很难判断谁对谁错。你应该坚持自己的观点，不要看到别人和你的观点不一致，就怀疑自己。

两个年轻人在工作上遇到了挫折，他们一起去请教师父："师父，我们现在的工作很不如意。请您告诉我们，应该辞掉工作还是应该留下来？"

师父闭着眼睛慢慢说出了五个字："不过一碗饭。"然后挥挥手，让他们退下了。

回到公司之后，一个人交上了辞呈，离开了公司；另一个人选择了留下来。

离开公司的人尝试着自己创业，经过几次挫败之后，终于创立了自己的公司。几年之后，他已经是一家公司的老板了。留在公司的人混得也不错，他忍受了种种不如意，在公司少说多干，努力学习，渐渐受到了重用。几年之后，他已经成为经理了。

有一天，两个人再次见面。离开公司的人问留下来的人："你怎么没听师父的话呢？当时我一听就懂了，不过一碗饭嘛！没必要一定要在这个公司，所以我就辞职了。"留下来的人说："我听了呀！师父的意思是说，在公司里受气受累不过是为了一碗饭，自己不去计较就行了。"

两个人决定去问问师父那句话到底是什么意思，于是一起去拜望师父。师父已经很老了，这次他仍然闭着眼睛慢慢答了五个字："不过一念间。"然后挥挥手，让他们走了。

同一句话可以有两种不同的理解，两种理解都可以指导人取得成功。可见，世界上的事本没有绝对的好坏，关键在于你如何去把握。

■坚持自己独特的观点，岂不优哉游哉？

观点按照被人们接受的范围可以分为大众的观点、多数人的观点、少数人的观点和个人的观点。虽然占优势的观点是大众的观点和大多数人的观点，但是，任何领域的进步都是保持少数人的观点和个人的观点的人缔造的。因此，护卫自己的独特观点，无论是对个人的成功，还是对人类的发展来说，都是非常重要的。

如果你的观点和别人不同，你就要做好受到否定和嘲笑的准备，但是千万不要放弃。别人的否定并不能证明你的观点是错的，而与众不同的观点很可能会给你带来成功。

【思路转换】

独特的观点往往蕴藏着成功的希望。

第三节　大胆追求与众不同

大多数人喜欢跟风，别人怎么做，他就怎么做。这样确实比较保险，一般不会出什么差错，但是他也只能和大多数人一样，无法取得太大的成就。成功人士都不甘于步别人的后尘；他们喜欢追求与众不同，他们知道只有另辟蹊径才能胜人一筹。

有些人向来不爱标新立异，古人就说："好名则立异，立异则身危。"标新立异确实可以让你声名鹊起，但是也会给你带来危险。现在我们可以这么说：要想成功就得与众不同，与众不同就可能会造成失败。但是失败是成功之母，只有在反复的失败中才能找到成功的出路。

史密斯有一个私人动物园，饲养着斑马、猴子、狗熊、鹦鹉等动物，供游人参观。后来，动物园旁边建了一个大型游乐场，使得动物园的游客大大减少，生意每况愈下。史密斯想了很多办法，也无济于事。

有一次，参加朋友在海边举行的婚礼时，史密斯突发奇想，为什么不能到我的动物园去举行婚礼？如果训练动物做婚礼嘉宾，一定会别开生面。

　　他立即做广告，欢迎新人到动物园举行婚礼。这个创意迎合了大家寻求刺激的口味，有人想试试。但是，那些动物并不听指挥，到处乱窜，第一个动物婚礼以失败告终。史密斯不但没有盈利，反而赔了人家一些精神损失费。

　　但是，他并没有放弃，他觉得只是因为自己没准备好，才导致失败的。怎样才能让动物听话呢？他想到了马戏团。于是他请来几位驯兽师训练那些动物，让它们在婚礼中扮演各自的角色。鹦鹉做司仪，孔雀做伴娘，几只鸵鸟组成了仪仗队，猴子和狗熊组成了乐队，马和骆驼是新人的坐骑。然后，史密斯在动物园增添了彩门、殿堂等婚礼设施。

　　第一次的失败轰动一时，没人敢再尝试了。无可奈何之际，史密斯

■与众不同的做法会带来与众不同的效果。

说服心仪已久的姑娘和他举行一场动物婚礼，并且邀请各大媒体对他的婚礼进行报道。这次婚礼举行得非常成功，"动物婚礼"从此一炮打响，招来了很多生意。这个新的项目使动物园起死回生。

标新立异有时确实会因为考虑不周全、准备不充分而导致失败，但是这不能作为禁止标新立异的理由。失败之后，只要对原来的方案进行一些修改和补充，就能转败为胜。一旦取得成功就会带来意想不到的收获，它的价值足以弥补所有的过失。

追求与众不同是很多成功人士的共性。只有与众不同，才能开拓创新，才能带来令人瞩目的成就。

追求与众不同的人能够做好一些别人做不到的事，因为他们的思维不受常规的限制，总能想到与众不同的思路和办法。

著名音乐家莫扎特小时候曾经跟随海顿学习作曲。

有一次，莫扎特对海顿说："老师，我能写一段曲子，您肯定弹奏不了。"

海顿不以为然地笑了笑说："怎么可能呢？"

莫扎特将自己写好的曲谱递给了海顿，海顿弹了一段时间后惊呼起来："这是什么曲子啊？当两只手分别在钢琴两端弹奏时，怎么会有一个音符出现在键盘中间呢？这样的曲子没法弹奏！"

莫扎特对海顿说："老师，让我试试。"只见莫扎特两手在钢琴两端弹奏的同时，将身体俯下，用鼻子把键盘中间的音符弹了出来。

一位股市分析专家把股市比喻为虎入羊群——只有与众不同才能取得成功。当大多数人的做法趋于一致的时候，如果你也那样做，就会必败无疑。大家都不赞成的做法，往往能够获利。既然大家都不赞成，效仿的人就比较少，这样就保证了少数人取得成功。

世界的大富豪、有"股神"称号的巴菲特就是一头羊群中的老虎，他的观点总是很独特。别人炒股只想短期获利，他却总是放长线钓大鱼。别人纷纷抛出的时候，他偏偏买进。

1964年，美国快递公司由于欺诈丑闻，股份跌至35美元。当全世界都在抛售该股票时，巴菲特开始买进全部股票。1965年，他以两倍于投资金额的价钱卖掉了美国快递公司的股票。

1965 年，伯克希尔·哈撒韦公司因经营不善濒临破产，每股价格仅 12 美元。巴菲特经过反复调查之后，力排众议，甚至对亲朋好友的忠告也置之不理，以合作的方式买下该公司，出任董事长兼总经理。在他的管理之下，伯克希尔公司很快就活跃起来，不断全盘收购或部分收购多家纺织公司、百货公司、食品公司、糖果公司的股票。一些股票评论家讥笑巴菲特太保守，尽吃"垃圾"股。巴菲特对此无动于衷，依旧坚持自己的观点。很快，人们就看到伯克希尔公司的市值不断上涨，股票从无人问津的 12 美元一直攀升到 20 美元、40 美元、80 美元，直至成为世界上最昂贵的股票。

如果巴菲特不敢与众不同，那么今天的世界的大富豪就会另有其人了。

与众不同会让你成为明星，因为你和别人都不一样，很容易引起大家的关注。不要在乎别人对你的看法和评价，勇敢地去追求与众不同吧！只有与众不同的做法，才能证明你是你自己而不是别人。英国教育家柯蒂斯说："我越爱自己，就越不想模仿别人。"如果你一定要模仿别人，那就模仿成功人士吧！那些成功人士都是大胆追求与众不同的，与众不同让他们的成功概率更大。

【思路转换】

只有与众不同的做法，才能带来与众不同的成就。

第四节　好点子还是坏点子

任何领域的成功都离不开好点子，你认为什么样的点子是好点子？

_____

_____

_____

其实，点子的好坏与个人的品味有关。有人喜欢另类的，有人喜欢唯

■有效的，就是最好的。

美的，有人喜欢夸张的，有人喜欢刺激的……有人看到某个点子之后拍案叫绝，但在另一个人看来却平淡无奇，甚至不好。从点子的风格来看，确实无所谓好坏，但是，如果从点子带来的结果看，就很容易判断什么是好点子，什么是坏点子。

被实践证明，能够解决问题的、能够带来效益的点子就是好点子，否则就是坏点子。

有个英国商人想到借助埃菲尔铁塔的名气为自己的产品做宣传，于是向巴黎市政府申请将埃菲尔铁塔拍摄下来用在广告上。结果，市政府官员开价 1 万英镑。商人认为花 1 万英镑做宣传恐怕得不偿失，显然拍摄埃菲尔铁塔不是个好点子。

一款水晶埃菲尔铁塔在一家礼品店非常畅销，制作这款产品的商家并没有向法国政府申请使用埃菲尔铁塔的造型，也就不用掏 1 万英镑的费用。他们直接把点子应用起来了，并获得了很好的收益。

有些人很有想象力，他们的思维天马行空。他们想到的点子虽然出人意料，但是却脱离实际，只能是纸上谈兵。不能付诸实践的点子毫无价值，毫无意义，即使再巧妙也算不上好点子。如果沉醉在那些虚无缥缈的空中楼阁，反而会浪费时间和精力。

有些人很聪明，总能想到一些绝妙的点子。但是，他们又很懒，不肯付出行动。他们把点子放在脑子里，直到忘掉，直到别人把他们的点子变成看得见的价值。只有付诸实施的点子，才能得到大家的认可。能够付诸实施的烂点子，也比停留在构想阶段的绝妙点子更有价值。

李梅在网上看到一种很有意思的商品——用来装饰窗帘和花卉的仿真蝴蝶，图片非常漂亮。那是江苏一家厂商在网上发布的信息，李梅在深圳从来没有见过。她心想，如果购进一批货在深圳卖一定不错。她构想了一下具体怎么做：以批发价购进一批货，然后到深圳小商品批发市场把货批发给小商户们。小商户们可以做零售，或者卖给精品店、文具店等。有了固定的小商户来进货，就可以坐收渔利了。

为了确定一下商品的实物是不是和图片上的一致，她让厂家寄来几个样品。然后，她拿着样品转了一家窗帘店、一家文具店，想在店里代销，结果遭到了拒绝。李梅想，看来市场并不怎么样。于是，她用样品装饰了自己家的窗帘。

有一天，一个同学来李梅家来串门，看到了窗帘上的漂亮蝴蝶，喜欢的不得了，问她从哪里买的。李梅把经过讲了一遍。这个同学听后非常兴奋，决定要做这个生意。她对李梅说："你只跑了两家而已嘛，小商品市场那么大，总会有人感兴趣的。"她要了厂家的联系方式，几天之后就下了 2000 元的订单。她跑了 20 家商铺，有的愿意代销，有的直接买了一些产品。没多久，她就打开了市场，取得了成功。

能够带来效益的点子是好点子。应用的范围越广，使用的时间越长的点子，越是好点子。有人说轮子是世界上最伟大的发明，就是因为轮子被应用的范围太广泛了，以至于人类离不开它。当然，电灯、电话、电脑的发明同样如此。

1978 年，美国 Carillon 公司总裁米切尔决定代理瑞典的绝对牌伏特加。为了对抗前苏联的伏特加，他认为应该通过广告赋予品牌独特的个性。广告创意贵在简单，于是，广告人员想到一个关于"绝对"的点子：

第一则广告是在酒瓶上加一个光环，标题是"绝对完美"。第二则广告是在瓶身上加一对翅膀，标题是"绝对天堂"。有些广告把各种物品扭曲或改造成酒瓶的形状。比如，在滑雪场的山坡上滑出巨大的酒瓶形状，标题为"绝对山顶"。

1987 年，绝对牌伏特加在加利福尼亚卖得很好。为了回报加州的消费者，Carillon 公司在洛杉矶修建了一个酒瓶形的游泳池，并把这个游泳池作为广告，标题是"绝对洛杉矶"。没想到，这个点子很受欢迎。别的城市也纷纷要求来一个自己城市的"绝对"广告，于是有了"绝对西雅图"、"绝对迈阿密"等系列广告。

绝对牌伏特加有柑橘、辣椒等不同口味。有一则广告为了表现柑橘口味，把一块橘皮做成酒瓶状，标题是"绝对吸引"。

Carillon 公司把酒瓶加两个字的标题的点子应用了 500 多次，至今还在应用。这个点子确实赋予了品牌独特的个性，使绝对品牌深受人们的喜爱。这个点子带来的效益更是显而易见的。1978 年绝对牌还是个不为人知的小品牌，如今它占有 65% 的市场份额，成为了领导品牌。

一个点子在付诸实践之前，没有办法判断它能不能奏效。只有付诸实践，才能看到这个点子的效果如何。如果效果不怎么样，说明这个点子不好。如果效果很好，不妨再用一次。经得起实践检验的点子才是好点子。

【思路转换】

实践是检验点子的唯一标准。

第五节　没天赋的人也能成功

人们都羡慕那些有天赋的人、智力超群的人或者有某种特殊才能的人。他们好像得到了上帝的特殊照顾。在人们心中，这些人更容易成功。于是，没有天赋的人抱怨自己不够聪明，觉得自己比不上别人，甚至认为自己不可能成功。

那些思维敏捷的人总是"眉头一皱，计上心来"，新鲜的点子像源源不绝的泉水一样不断涌出。按理说，他们确实应该很容易获得成功。但是，古往今来，通常是没有天赋的人最成功。

总结一下影响成功的要素，然后对比聪明人和笨人所具备的素质，你就能发现其中的奥秘了。很多成功人士给我们列出了成功公式：

W＝X＋Y＋Z。爱因斯坦概括的成功秘诀是：成功＝艰苦劳动＋正确的方法＋少说空话。李开复告诉我们：成功＝价值观＋态度＋行为。你能想到的影响成功的要素哪些呢？智商、行动力、毅力、人脉、自身的努力……

没错，聪明的人智商高。但是，智商只是成功的必要条件，而不是充分条件。有人做过调查，发现成功者中90%的

■天赋和努力是一对敌人。

人的智商都是普通人的水平。很多成功的企业家并不是绝顶聪明的人。高智商只能帮助你想到很多好点子，但是不能保证把这些点子变为现实。

聪明的人过于依赖自己的思想，而忘记了高贵的头颅是要用双脚来支撑的。没有行动的支持，再伟大的思想也只是空想。点子太多的人想到一个点子之后，还没想成熟，他们就会想到下一个点子，然后再跳到下一个。有时同时想到好几个不错的点子，不知道选择哪一个好，这也是让那些有天赋的人感到头疼的事。

相对而言，那些比较笨的人就占优势了。虽然他们很难想到一个好点子，但是正因为没有太多的点子，他们就必须让每一个点子发挥效果。他们知道如果浪费了一个点子，将很难有下一个点子出现。他们很努力地去实现每一个点子，所以即使那些点子不是很好，也能够给他们带来一些成就。

聪明的人选择了一个点子，遇到一点困难就觉得这个点子行不通，还是换一个吧。换来换去，结果发现好像没有一个点子是行得通的。没有天赋的人就不同了，他们没有多余的选择，遇到困难只能硬着头皮做下去。在解决困难之后，他们就离成功不远了。

聪明的人自恃聪明，常常偏执地坚持自己的主张。他们不听别人的劝告，不尊重别人的意见，好为人师，因而很难与别人合作。他们给别人造成压力，在团体中是不受欢迎的角色。笨人比较谦虚，喜欢向别人学习。他们尊重别人的意见，很容易和别人合作。他们对别人没有任何威胁，很容易赢得别人的信任。

聪明人喜欢把简单的问题想复杂，笨人坚持简单的原则。笨人成功的秘诀在于单纯和执着。如果只能想到一个点子，就只能单纯，只能执着了，因为那是唯一的希望。这唯一的希望赋予了他们超出常人的耐力和韧性。没有天赋的人知道自己的不足，所以他们总是"笨鸟先飞"。一个成功人士说："我知道自己不聪明，所以我很努力。"既然不如别人点子多，那么只有比别人更努力、更专心，才能取得成功。

有傻瓜的地方才会发生奇迹。电影《阿甘正传》的主人公阿甘的智商只有 75，但是他几乎做什么事都能成功：捕虾、长跑、打乒乓球，甚至爱情。最后，他还成了一名成功的企业家。那些比他聪明的同学都比不上他。

阿甘的一句名言是："妈妈说，要把上帝给你的恩赐发挥到极限。"这句话说出了没有天赋的人能够成功的奥妙所在，没有天赋的人点子少，更容易把仅有的点子发挥到极限。

对聪明人和笨人进行一番比较之后，你会发现在行动力、毅力、人脉和自身的努力方面，没有天赋的人确实占有很大的优势。聪明的人急切地渴望成功，事实上，他们很难成功；笨人对成功并不抱太大希望，却总能无心插柳柳成荫。

罗斯福曾说："成功的人并非天才，他们资质平平，却能把平平的资质发展为超乎平凡。"

【思路转换】

成功的人并非全是天才。

第六节　不要太自作聪明

聪明是好事。聪明人学东西快，能够想到一些巧妙的点子，解决复杂的问题。聪明人懂得如何保护自己的利益，不会被别人骗。聪明人总是得到别人的称赞和羡慕。于是，很多聪明人为自己的聪明而得意。聪明虽好，但是如果聪明得过了头，就会走向反面。

聪明人虽然能解决复杂的问题，但是却总是把简单的问题复杂化。如果你问小学生 1 加 1 等于几，他会告诉你等于 2。如果你问一个大学生同样的问题，他可能会给你一些稀奇古怪的答案，并能够讲出一堆道理。聪明人认为这个世界是非常复杂的，一些很简单的问题他们反而搞不懂了。

聪明人虽然会保护自己的利益，但是如果走向极端就会喜欢投机取巧。投机取巧的人到最后都没有好下场，人们常常说"聪明反被聪明误"就是这个道理。贪图便宜、耍小聪明、弄虚作假可能会得到一时的利益，但是绝对不会太长久，也不可能取得太大的成功。

古时候，有一个卖菜的，喜欢占便宜。他在秤上做了手脚，每次称菜总是缺斤少两。在他那儿买菜的人打算想个办法来治治他。

有人想到了一个好主意。他来到那个人的菜摊问："大白菜多少钱一斤？"卖菜的说："7 个铜板。""来 3 斤。"称好之后，买菜的人一边数铜板一边说："三七二十四。给你钱。"卖菜的一听，心想赚了，接过铜板后数都不数就放在口袋里了。

大家暗自高兴，因为买菜的人只给了他 19 个铜板。人们如法炮制，卖菜的每次都觉得自己赚了。过了一段时间，他明白了事情的原委，再也不敢缺斤短两了。

有些人觉得别人都不如自己聪明，遇到问题之后，他们总是习惯性地要小聪明，却不知道，别人并不像他们想象的那么笨。

贪官大多是因为自作聪明而深陷囹圄，身败名裂。贪官聚敛财富靠的是自作聪明，可是有些贪官被捕之后仍旧自作聪明。

安徽省某林业处的处长被拘捕后，用暗语写了一张纸条。他自以为别人看不懂自己写的是什么。但是，经过一番研究之后，警察发现了解读的方法。由此发现了这位处长在北京、上海等地的8处房产和2000多万元的存款。专案组的干警说："如果不是他自作聪明，用暗语写那张纸条，谁也不会想到他有这么大的家产。"

聪明人因为聪明而得到别人的称赞，所以总喜欢在别人面前炫耀自己的聪明才智。但是，要知道虽然别人口头上对你的聪明表示赞赏，其实他们心里是嫉妒你的。聪明人的卖弄使别人显得很笨，所以没有人喜欢卖弄聪明的人。

杨修是个聪明人，可惜喜欢自作聪明。他最后一次卖弄聪明是在曹操亲自引兵与蜀军作战失利的时候。曹操既不想无功而退，又不想长期拖下

■有时候自作聪明也是自掘坟墓。

去，他感到现在的形势就像碗里的鸡肋。正沉吟间，夏侯惇入帐禀请夜间号令。曹操随口说："鸡肋！鸡肋！"夏侯惇传令众官，都称"鸡肋"。

杨修揣摩了一下"鸡肋"二字的意思，就让随行军士，各自收拾行装，准备归程。曹操心烦意乱不能入睡，走出军帐，发现军士都在收拾行装，大吃一惊——自己前没有下令撤军呀！他急忙招来夏侯惇问怎么回事。夏侯惇说："主簿杨修已经知道大王想归回的意思。"曹操叫来杨修问他怎么知道的，杨修得意地说："从今夜的号令，便知道魏王很快就要退兵回去了。鸡肋弃之可惜，食之无味。魏王的意思是现在进不能胜，退又害怕人笑话，在此没有好处，不如早归。明天魏王一定会下令班师回转的，所以先收拾行装免得临行慌乱。"曹操一听大怒，说："你怎敢造谣乱我军心！"不由分说，曹操叫来刀斧手将杨修推出去斩了，把首级悬在辕门外。

卖弄聪明使杨修丢了性命。

聪明人总是为自己的聪明自鸣得意，但是道高一尺，魔高一丈，自作聪明的人往往会落入别人精心布置的陷阱里。三国时期的另一个故事可以给我们一些启发。

曹操派蒋干去游说周瑜。周瑜没给蒋干游说的机会。蒋干趁周瑜睡熟的时候，翻看周瑜案上的文书。一封写着"蔡瑁张允谨封"的信让他大吃一惊。信上写着："某等降曹，非图仕禄，迫于势耳。今已赚北军困于寨中，但得其便，即将操贼之首，献于麾下。早晚人到，便有关报。幸勿见疑。先此敬覆。"蒋干偷了信连夜赶回曹营，把信交给了曹操。曹操一怒之下把蔡瑁和张允杀了。

当武士把二人的头颅献于帐下的时候，曹操才想到自己中计了。那封信是周瑜利用蒋干的自作聪明设下的圈套。

后来，黄盖让人给曹操送信，大骂周瑜，表示一定要降曹。曹操派蒋干去刺探虚实，蒋干看见他们上演了"周瑜打黄盖"一幕。

周瑜责怪蒋干上次偷了书信，把他软禁在西山。在山间，蒋干遇到名士庞统，于是又自作聪明，劝庞统为曹操效力。庞统答应了，来到曹营之后，向曹操献了"锁船之计"。

他哪知道这是庞统和周瑜谋划好的计策，为的是方便火攻。把蒋干软禁在西山也是为了利用他的自作聪明，顺理成章地把庞统带到曹营。

自作聪明的人总是觉得自己比别人高明，很容易自我陶醉。他们不能客观冷静地对事态进行分析，对问题考虑得非常不周全，失败是必然的。自作聪明不是真正的聪明。真正的聪明是大智若愚，平时不显山不露水，在关键时刻用自己的聪明解决问题。这样的人才能得到别人的信赖和敬佩。

【思路转换】

吃亏是福。

第八章

时间和财富

第一节　青春不会被浪费

　　小时候，师长就教导我们"一寸光阴一寸金"，"时间就是金钱"，应该把时间好好利用起来，不能浪费。但是，当我们回首往事的时候，还是觉得时间被浪费掉了。有人因为贪玩，荒废了学业；有人因为太懒，没有建立自己的事业。如果因为吃喝玩乐、好吃懒做而浪费了青春，确实不应该。但是，有些人听了师长的话，争分夺秒地学习，勤勤恳恳地工作，到头来还是觉得自己浪费了青春。

　　上了4年大学，学了一些没用的东西；

　　找了一份与所学专业无关的工作，4年大学白上了；

　　花了6年时间，错爱了一个男人；

　　被朋友欺骗了，跟他在一起的时间全浪费了；

　　做这份工作没有前途，只会浪费时间；

　　在这家单位辛辛苦苦地工作了两年，没想到被炒了鱿鱼，所有的辛苦都白费了；

　　……

　　他们认为自己浪费了青春，于是总是为往事而悔恨，为未来而担忧。

这些人是在用事情的结果来衡量青春的价值。如果一定要有一个满意的结果才算没有浪费青春，那么又有几个人的青春没有被浪费呢？过程比结果更重要。上学的时候你体会到了学习的乐趣；恋爱的时候你体会到了爱情的甜蜜；交朋友的时候你体会到了友谊的真挚；工作的时候你体会到了劳动的快乐……

无论你怎样争取，怎样努力，到头来青春似乎总是不够完美。人们幻想着青春岁月应该是诗一般的年华，总是觉得自己的青春不够精彩，总是对自己的青春不满意，结果谁的青春也摆脱不了被浪费的命运。无论是平平淡淡，还是轰轰烈烈，青春注定会过去，而你现在要考虑的就是，如何以最佳的方式把青春"浪费"掉。

怎样才算没有浪费青春呢？有些人深信"时间就是金钱"，他们抓紧时间为事业而奋斗，为成功而努力。他们拼了命地工作、充电、再工作，把生命的发条绷得紧紧的，不敢有丝毫松懈。对他们来说，每一秒钟都意味着财富和成功。按理说，这些人应该有一个无悔的青春了，可惜，他们没来得及享受就倒下了。哲人说"时间就是用来浪费的"有点惊世骇俗，但是，我们可以说"有些时间是用来浪费的"，比如睡觉的时间。也许你会说睡觉算不上浪费，那是合理的休息。那么，你可以放轻松点了，别给自己太大的负担，累了就发会儿呆，困了就睡一觉，烦了就玩一会儿，这些都算不上浪费青春。

一个成功人士年轻的时候和大多数年轻人一样耽于玩乐，每天无所事事。但是，有一天他突然醒悟，觉得自己不应该这样荒废青春。他抓住了青春的尾巴放手一搏，为自己在世界上谋得了一席之地。他总是对别人说："我的青春浪费得真可惜，否则我就能取得更大的成就。"其实，如果没有那段散漫的日子，他也许就不会幡然醒悟奋起直追，就不能取得后来的成就。

再来看《百喻经》里的一个小故事：

一个富人到另一个富人家串门，看到他家有一座三层楼，富丽堂皇，宽敞明亮，非常羡慕。富人心想：我的钱财不比他少，我也要盖一座三

■所谓的浪费时间有时是成功的铺垫。

层楼。他找来工匠，问："你能建那家那样漂亮的三层楼吗？"工匠说："我能。"富人说："那你给我建一个吧。"

于是，木匠开始丈量地面，砌垒砖坯。富人看了问他："你在干什么？"工匠说："建三层楼啊！"富人说："我不要下面的两层，你直接给我建第三层。"工匠说："哪有这样的道理？不建第一、二层，怎能造第三层？"

其实，所谓的浪费是一种必需的基石，是为成功做的铺垫。有了这种认识，你就会发现自己的青春并没有浪费：

在大学里，你肯定学到了不少知识，也许现在用不上，但是没准儿哪天就用上了；

大学不仅仅是学专业知识的地方，你还可以学到一些为人处世的道理，培养学习的能力和思考的方式，很多成功人士从事的都不是本专业的工作；

一场失败的恋爱可以让你更理智地对待爱情；

被朋友欺骗是一个很好的教训，以后交友的时候你会更谨慎；

无论做什么工作，你都能从中学到经验。

每个人都有自己独特的青春，只要你体验过就够了。平平淡淡也是青春，轰轰烈烈也是青春。要知道，大多数人过的都不是戏剧式的人生。只要你懂得欣赏，平淡的人生也有属于自己的精彩。

有些人度过青春之后取得了成功，有些人度过青春之后没有任何成就。如果把失败归咎于青春时期的漫不经心，然后用青春以外的时间来懊悔对青春的浪费，就太不明智了。每个人的青春虽然不像自己希望的那么好，但也不像自己想象的那么糟。

【思路转换】

所有的时间都不会被浪费。

第二节　忙是好事，说明你有事可做

太忙了，没有时间休息。

好不容易下班了，还要把没做完的工作带回家。

好不容易熬到周末，又要加班。

在公司忙得团团转，回家还要洗衣服、做饭。

除了忙自己的事，还要忙着照顾孩子。

……

这是一个忙碌的社会，在钢筋水泥森林中奔波的人们总是步履匆匆、忙忙碌碌。他们为了学业、为了事业、为了生活忙得焦头烂额，忙得不知所措。他们活得很累，很辛苦，总希望给自己放个假，却又停不下来。于是，他们变得烦躁、焦虑、情绪不稳定，甚至不少人因此患上了心理疾病。

忙完今天的事，还有明天的事，忙完明天的事，还有后天的事。有人发出这样的感慨："什么时候才能忙完呀？"人们总是觉得自己为了生计不得不工作，如果有了足够的钱，就不用这么辛苦地忙碌了。设想一下，如果从现在开始你不用做任何事，你就满意了吗？恐怕未必。也许开始时，你会痛痛快快地睡觉，无忧无虑地游玩。但是，时间一长你就会感到厌烦，想找点事做了，因为长时间的无所事事会让人感到空虚无聊。

忙是好事，忙碌的生活才充实。如果每一分钟都被安排得满满的，你就没有时间去抱怨无聊了。每一分都很好地利用起来，每一秒都发挥了它的价值，你会感到很满足。当一天结束的时候，你会发现自己做了很多事，没有把时间荒废掉。只有在繁忙而充实的工作之后，你才能体验到收获的喜悦。

忙碌是有收获的。不要总是抱怨现在很忙碌，想想你在为什么而忙。蜜蜂在花间忙忙碌碌为的是采到更多的花蜜；蚂蚁在地上忙忙碌碌为的是储备过冬的食物。我们人类忙忙碌碌同样是为了有所收获。多想想丰收的情景，你会忙得很开心。

和朋友打招呼，我们总是问"最近忙什么呢"。仔细体味这句话，你就能发现其中包含着对朋友的尊重。这句话还体现了现在人们的价值观：人应该忙点什么，人在忙的时候才是有价值的。一则胃药广告中有这样一句广告词："胃疼？光荣！肯定是忙工作忙的。"忙确实是一件光荣的事。工作忙，说明你很勤奋，说明你有事可做。人的价值就是通过做事体现出来的。

只有忙碌的生活，才能创造价值。没有建筑工人的忙碌，哪会有那么多的高楼大厦？没有农民的日夜操劳，我们的粮食从何而来？没有作家们不辞辛苦的创作，哪会有那么多优秀的文学作品？无论是物质产品还是精神产品的生产都离不开忙碌的劳动。

■忙而不乱，稳操胜券。

每个人生命的意义都是通过劳动成果体现出来的。一般来说，一个人越是忙碌，创造的劳动成果就越多，他的生命也就越有意义。

如果你有做不完的事，先别急着抱怨，别人可没有像你那么多的锻炼机会，你应该偷着乐才对。把看似无法胜任的工作当作对自己的挑战，当作提升自己能力的机会，你就不会再感到厌烦了。忙碌的工作是对你的工作能力的考验。如果你能够从容不迫地处理繁忙的工作，那么你驾驭问题的能力就有了很大的提高。在忙碌的工作中，你会遇到各种各样的麻烦，把这些麻烦解决掉，你就会有很大的进步。

明白了忙碌的好处之后，烦恼和焦躁的情绪就会一扫而光。你应该尽情享受忙碌带来的乐趣，而不是整天愁眉苦脸地抱怨工作太多。如果整天无事可做，你就会养成懒散的习惯，而且会渐渐地丧失了上进心。忙碌的工作可以让你时刻保持紧张的状态，还可以培养你勤奋、积极的工作态度。

富兰克林早年为自己的一点成就就沾沾自喜，他那种过分自负的态度，使别人看不顺眼。有一天，一个朋友会的会友把他叫到一旁，劝告了他一番，这一番劝告改变了他的一生。

"富兰克林，像你这样是不行的，"那个朋友会的会友说，"凡是别人与你的意见不同时，你总是表现出一副强硬而自以为是的样子。你这种态度令人觉得如此难堪，以致别人懒得再听你的意见了。你的朋友们觉得不同你在一处时，还觉得自在些。你好像无所不知无所不晓，别人对你无话可讲了。你从别人那儿根本学不到一点东西，但是实际上你现在所知道的的确很有限。"

富兰克林听了，觉得无话可说。不过他站起来的时候，他已经下决心把一切骄傲心都抛在地下……

许多事情在等着我们去做，人是活到老，忙到老，没有办法休止的。我们应该在忙碌的生活中体味忙碌的乐趣，实现自己的价值。

【思路转换】

只有在忙碌中，才能有所收获。

第三节　慢工出细活

这是一个讲究效率的时代，好像一切都是越快越好。大家都在追求速成，拼命提高办事的速度。这样一来可以节省自己的时间，二来可以赢得别人的称赞。做事快的人给人的印象是麻利、干练，在相同的时间内可以比别人创造出更多的价值，所以总是很受欢迎。相对来说，做事慢的人则让人觉得磨蹭、效率低和没本事。

有时候，快未必是好事，太快了就会只注重数量而忽略质量，到头来做了一堆粗劣的废品，还得进行修补或者从头再来，反而浪费时间。

有一个画家作画的速度很快，他一天画一幅画。可是，一年下来他一幅画都没有卖出去。于是，他向一位著名的画家诉苦："我那么勤奋，一天画一幅，可是为什么卖不出去呀？"这位著名画家对他说："你倒过来试试，用一年的时间画一幅画，我保证你用不了一天的时间就能卖掉。"

■最美丽的风景总在最远的地方，要一步一个脚印，慢慢欣赏。

常言道："慢工出细活。"很多人之所以做事比较慢，是因为他们力求精致完美，精心雕琢、细细打磨之后才肯拿出手，自然要比别人花费更多的时间。可是，如果别人做得很快，自己慢慢腾腾地落在后面，人们就会感到焦躁，不能平心静气地慢慢做。

考试时，当看到别人早早地交了卷子，你心里会不会着急？

同一份工作，别人都做完了，你却还在做，会不会感到有压力？

你会不会为了尽快完成一项工作，而忽视了质量？

如果你做事慢，那就从容地慢慢做吧，不要被别人的速度影响你的心情。要知道，一切伟大的成果都不是速成的。

现在的作家写作速度快得惊人，十天半月就能炮制出一本新书。让人感到遗憾的是，在书店里那些被包装得花花绿绿的书里面，很难找到一本耐人咀嚼的好书。传世的名作都是作者呕心沥血的结晶，他们经过很长时间的构思然后下笔，写完之后还要经过反复地修改才满意。很多著名作家都是毕生只写一本书，比如曹雪芹写《红楼梦》"披阅十载，增删五次"，所以才能赢得"字字看来皆是血，十年辛苦不寻常"的评价。

从某个角度来说，慢的总是好的。速溶咖啡只需几秒钟就可以冲好，味道一般；煮咖啡一般需要 10 分钟，煮好之后香气四溢。萝卜一两个月就能长得很粗，在菜市场上很不值钱；野人参几十年都不见长，却是极为珍贵的药材。梧桐树两三年就能成材，都只能当柴烧；花梨木一百年才长一人高，但它做的家具却能千年不坏。

这是不是意味着越慢越好呢？办事拖拖拉拉，效率低下，当然不是好事。有些人做得太慢是因为困难重重，无从下手阻碍了他们的进度；有些人做得慢是因为心不在焉，没有集中精力。这两种情况，尽管做得很慢，但是效果也不会比做得快的人好，只会造成时间的浪费。

还有一种人之所以做得慢，是因为对自己要求太严格，做事力求完美，容不得一点失误。这种人为了避免微不足道的瑕疵花费了过多的时间。比如，他在一天之内就完成了 99.8%，然后用一个月的时间又完成了 0.1%。显然那一个月的时间回报率太低了，他本来可以用那一个月的时间做 30 个 99.8%。

"慢工出细活"中的"慢"有两层意思，一是仔细认真，二是心态平和。接到一个任务之后，就踏踏实实地想怎样把它做好，然后认认真真地做，而不是毛毛躁躁地想怎样尽快做完，然后急急忙忙地做。踏实、认真是好事，但也不能不讲究效率，至少要在规定的时间之内完成任务。

【思路转换】

慢工出细活，速成者速朽。

第四节　赶时间

明明定好的下个月中旬交货，客户突然提出要这个月底交货。重要客户不能得罪，只好把计划提前了。真倒霉！

这个周末本来要出去玩的，领导突然安排了任务，要加班赶进度。真扫兴！

这个月已经过去 20 天了，任务才完成了一半，最后 10 天要加把劲了。真着急！

没有按时完成调研工作，规划方案的提交时间也向后拖了，必须抓紧时间尽快完成才能把损失降低到最小。真烦人！

……

工作和生活中，由于一些不可控制的因素，人们总是需要赶时间。比如，由于原定计划提前了，或者突然来了任务，或者原定计划被拖延了等等原因，导致时间紧任务重，必须赶时间才能完成任务。

没有人喜欢赶时间。赶时间给人们带来了额外的负担，使本来可以轻松完成的事，变得很沉重，给人们造成压力。赶时间意味着加班加点，让人们丧失了很多的休息时间。人们会因此而感到不平衡，心情烦躁。赶时间还会打乱原有的日程安排，使人们陷入紧张而混乱的生活状态，

■ "赶"出人生更多的精彩。

非常狼狈。

赶时间的时候虽然很紧张，很狼狈，但是当你把任务完成的时候，就能体会到超乎寻常的成就感和满足感。赶时间的工作对你提出了更高的要求，你需要在更短的时间内完成更多的任务。这对你来说是一项挑战。你只有挖掘自己的潜能，付出比以往更多的努力才能把问题解决掉。

比如，按照常规需要用一个半月的时间来完成一批货物的生产，但是客户提出要在一个月内收到货物。有的人遇到这个问题之后可能会马上抱怨，怎么可能提前半个月交货呢？再怎么加班加点也完不成。当他们以这种心态去做的时候，必然很难完成。有的人遇到这种问题的时候，认为这是难得的挑战，他们全力以赴地去做，结果往往完成得很好。

有时候，蛮干确实很难提高工作效率。要想在更短的时间内完成更多的事，人们必须想出更有效的解决问题的办法。另外，人们必须更有效地利用自己的时间，合理地安排每一分每一秒，而不是像以前一样随便把时间浪费掉。

要在更短的时间内完成更多的工作，毫无疑问，劳动强度比以前增大了，人们必须承受比以前更沉重的压力。承受压力也是一种能力，是追求成功的人们需要具备的重要素质。每个人都不可能一帆风顺，都需要面对来自家庭、学业、工作、疾病、爱情等各方面的压力。如果承受压力的能力差，遇到一点小挫折就会被困难打败，从此一蹶不振。成功人士承受压力的能力都很强，他们经历过大风大浪之后，任何挫折在他们看来都是小菜一碟，任何困难都不能把他们吓倒。

赶时间确实会给人们带来压力，但是这没什么不好，你可以把它看作训练自己抗压能力的一个契机。当你能够轻松面对这种压力的时候，你已经变得比以前更加坚强了。但是，我们并不是倡导没有限度地缩短工作时间。什么事都是物极必反，工作太紧张，压力太大可能会给人造成精神和身体上的损害。如果为了提高工作效率，不断地增加工作强度，不断给自己施加压力，就会超出自己的承受能力，让自己一直保持紧张焦虑的状态，工作效率反而会降低。多数人认为，最理想的生活状态是在良性压力下的生活状态，因为适当的压力可以鞭策一个人不断地努力，而不至于消沉懈怠。

该完成的总得完成，早点儿完成可以节省时间，让你更快地体验下一个精彩。生命本来有无限种可能，但是我们拥有的时间是有限的。要想在有限的时间之内体验更多的精彩，唯一的办法就是用更短的时间做更多的事。只有这样，我们的人生才更有效率。

当你由于外界因素不得不赶时间的时候，别以为自己受了委屈，那其实是老天在帮你更好地利用你那短暂的生命，让你把该完成的任务尽快完成或者提前完成。这实际上是在帮你节省时间。如果你不必赶时间，同一项任务可能你要用一个月来完成，而实际上你只需要20天就可以把任务完成得很好，那10天就被你在不知不觉中浪费掉了。如果在外界的压力下必须赶时间，你会发现一个月的时间可以完成一个半月的任务。

完成任务之后，你可以从紧张忙碌的状态中解脱出来，松一口气了。看着自己的劳动成果，你完全有理由为自己感到骄傲。你安排时间和解决问题的能力得到了提升，抗压的能力也有所提高，另外你还有一些时间可以安排别的事。

【思路转换】

赶时间意味着节省时间。

第五节　在等待中弄明白自己想要什么

与女友约会的时候，左等不来，右等不来，真是让人心急如焚。

失恋的日子真难熬。

前面还有 20 几个人等着面试，什么时候才轮到我呀。

同事们升职的升职，加薪的加薪，自己却原地不动，真让人受不了。

高考填报志愿的时候，没有太大把握，录取通知书却迟迟不来，真难熬啊。

生病住院什么事都做不了，应该如何打发时间呀。

失业很长时间了，却总也找不到合适的工作，这种日子什么时候是头啊。

创业失败了，一切都得重新开始，不知道什么时候才能成功。

……

你有没有经历过上面这些难熬的场景，或者有没有听别人发过类似的牢骚？生活中很多事情都让我们感到无可奈何，但是又急不得。有时候，我们需要被动地等待一些东西，无论是等恋人，还是等录取通知，自己都做不了主。这种等待确实很折磨人，几乎所有的时间都用来关心这件事，然而我们所等待的东西却迟迟不出现！

有时候，我们会陷入困窘的状态，比如生病、失业、创业失败等等。我们急切地想摆脱这些窘境，尽管心里知道着急也没用。这样的日子好像永远也不会结束，这种状态用"煎熬"来形容真是再恰当不过了。

李梦阳失业两个多月了，投了一些简历，但是毫无音讯。他白天睡觉，晚上上网，郁闷到了极点，连出去玩的心情都没有。朋友们都在忙自己的工作，他不想去打扰他们，也不想听他们安慰自己。他感觉自己被社会遗弃了，不敢面对失业的事实，对自己越来越没信心了，害怕遭到拒绝而不敢去找工作。

■难熬的日子确实非常折磨人，但这未必是坏事，换一个角度想想，就会发现它的意义。

宋刚一直打算自己创业，他雄心勃勃地做起了橱柜的生意。但是，由于他对市场不熟悉，不但没有赚到钱，还欠了一屁股债。他站在人生的十字路口上，不知道自己要走向何方。第一次创业的失败对他的打击非常大，他想也许自己没有商业头脑，根本不适合做生意，还是安安分分找份工作吧！可是他既放不下自己的创业梦想，又不想给别人打工。他就这样在左右为难的窘境中煎熬着。

难熬的日子确实非常折磨人，其实，这些难熬的事未必是坏事，换一个角度想想，你就能发现它的意义。

首先，难熬的事可以考验一个人的心理素质。该来的迟早会来，不属于你的强求也求不来。失业确实是一个沉重的打击，大部分人受不了长期的失业。李梦阳经历了失业的痛苦之后，会更加认真地对待下一份工作。成功者并不是从不失败，只是从不被失败吓倒。宋刚虽然遭受了失败，但是只要仍然怀抱梦想，就有成功的希望。

其次，你可以利用这段等待的时间，弄明白自己想要什么。比如，李梦阳应该从大处着眼规划一下自己的职业生涯，弄明白自己想做什么样的工作，什么样的工作是适合自己的；宋刚应该想一想自己创业失败的原因在哪里，自己想要一个什么样的人生，有哪些出路可以选择。

再次，在难熬的日子里，你应该规划自己未来的人生，考虑下一步应该怎么办。比如李梦阳应该从近处着手规划一下自己的求职方略，对自己的优势和劣势进行一次评估，然后选择有效的求职途径，或者在网上搜索招聘信息、发布简历，或者去人才市场找工作。宋刚同样应该想办法摆脱窘境，踏上人生的下一段征程。如果没有精力、资金和合适的项目进行下一次创业，他可以暂时选择工作，经过一段时间的调整再创业。

如果只看眼前的困境，你确实会感到无所适从，备受煎熬的状态还会让你感到万般无奈，甚至丧失行动力。但是，只要你保持平和的心态向前看，就能尽快走出困境。走过这段阴霾之后，你会发现痛苦的经历让你成长了很多。

【思路转换】

难熬的日子正是修炼自己的好机会。

第六节　不必为打翻的牛奶哭泣

年轻时把时间全部花费在吃喝玩乐上，把大好时光荒废了。

年轻时太傻了，不懂得抓住机会，错过了很多天赐良机，真是后悔莫及。

年轻时太自以为是了，从来不虚心向别人学习，现在才发现别人都比自己高明。

几十年庸庸碌碌，从来没想过要出人头地，现在才明白人活一世应该有所作为。

……

人们在回首往事的时候，总是对以前的自己不满意，总会发现以前犯下了一些不可原谅的错误。面对这些错误，人们感到后悔万分，有些事甚至让人遗憾终生。如果当初自己把时间用在学习或者工作上，现在就不会如此落魄了；如果当初懂得抓住成功的机会，现在自己肯定是个亿万富翁；如果当初虚心向别人学习，现在自己就不会这么无知；如果当初自己急切地渴望成功，现在就不会一事无成。可惜，人生不可以打草稿，写上什么就是什么，想改都改不了。于是，人们发出"这几十年算是白活了"这样沉重的感叹。面对过去的无知，他们或者沉浸在无限的悔恨中，或者沉浸在"如果当初……"的幻想中，总之认为自己的未来没有希望了。

何必为打翻的牛奶哭泣呢？既然明白年轻时犯的过错无法改变，沉浸在悔恨和幻想中又有什么意义呢？过去的就让它过去吧。现在不如想想怎样才能不让以后的日子荒废掉。

这时有人会说，自己已经不再年轻，还能干什么呢？年龄不是问题，关键是你现在有什么。如果你现在和年轻的时候一样吃喝玩乐，不懂得抓住机会，自以为是，庸庸碌碌，那么你肯定是什么也干不了。可是现在你已经明白了应该把时间用在学习和工作上，应该抓住机会，应该谦虚，应该渴望成功，明白这些道理可以说是你一生中最大的收获。

既然你知道了年轻时之所以没有成功就是因为那些毛病，那么现在改掉这些毛病不就可以成功了吗？你现在能看到这段话实在是太幸运了，如果你等到临终的时候才明白这个道理就太晚了。

有很多人都是在中年的检讨自

■不必为打翻的牛奶哭泣，失去了想要的，有可能得到需要的。

己的过失之后，才取得事业的成功，进入人生的辉煌阶段。

《世说新语》中周处除三害的故事就是一个很好的例子。周处年轻的时候是一个游手好闲的地痞无赖，他横行乡里，成了当地老百姓心中的一大祸害。当时，义兴的河中有条蛟龙，山上有只老虎，再加上周处，被义兴的百姓称为"三害"。

有人劝说周处去杀死猛虎和蛟龙，实际上是希望三个祸害相互拼杀后只剩下一个。周处立即杀死了老虎，又下河斩杀蛟龙。蛟龙在水里有时浮起有时沉没，漂游了几十里远，周处和蛟龙搏斗了三天三夜。当地的百姓都认为周处已经死了，大家互相表示庆贺。

结果，周处杀死了蛟龙从水中出来了。他听说了乡里人以为自己已死而对此庆贺的事情，才知道大家把他当作一大祸害。因此，他决定痛改前非。

他去找陆机和陆云两位有修养的名人。当时陆机不在，只见到了陆云，他就把自己的情况告诉了陆云，并说："我想要改正错误，可是岁月已经荒废了，怕终究不会有什么成就。"陆云说："古人说'朝闻道，夕死可矣'，况且你的前途还是有希望的。再说人就怕不立志向，只要能立志，又何必担忧好名声不能传扬呢？"周处听后就改过自新，成了一位忠臣孝子。

"朝闻道，夕死可矣。"明白道理比什么都重要。但是知易行难，很多人口口声声说如果当初明白这个道理就好了，好像他们现在已经明白了道理，然而他们却借口自己年纪大了并不付出行动。

桑德斯曾有一家汽车旅馆和咖啡馆。66岁的时候，他遇到了危机。一条新建的高速公路经过他的旅馆，他不得不出售了旅馆。没有了收入来源，他只好靠社会保障金生活。当领到自己的第一份保障金——187美金的时候，他无法接受这个事实。

他回头审视自己的过去和自己现有的东西，发现最有价值的就是自己研发的由11种香料组成的炸鸡配方。于是他决定把这份炸鸡配方拿去做生意，去创造事业。

他开始挨家挨户地敲门，把自己的想法告诉每家餐馆："我有一份世界上最好的炸鸡秘方，如果你能采用，相信生意一定能够提升，而我希望能从增加的营业额里抽成。"很多人都当面嘲笑他："得了罢，老家伙，若是有这么好的秘方，你怎么还会这么穷？"

桑德斯并没有气馁，他花费了两年的时间，跑遍了好几个州。遭到了1009次拒绝后，他才找到了一家愿意跟他合作的餐厅，这就是世界上最早的肯德基餐厅。肯德基的招牌，那个满头白发、山羊胡子的形象就是桑德斯。

回首往事的时候，如果你对自己过去的人品不满意，说明你现在的人格已经有了很大的提升；如果你自己对过去为人处世的作风不满意，说明你在为人处世方面有了很大的进步；如果你发现自己从事了几十年的工作并不能给你带来成功，说明你对自己有了更新的认识或者已经找到了成功的出路。可是，有些人偏偏看不到自己的进步，看不到美好的未来，而是一味地抱怨自己过去太愚蠢了。他们不知道这种抱怨才是真正的愚蠢。

【思路转换】

逝者已去，来者可追。

第七节　我为什么不是富翁

总觉得自己的生活水平比别人低。

有钱人可以挥金如土，多么潇洒啊。

有钱能使鬼推磨，只要有钱，一切问题就都解决了。

只有赚到很多的钱，才算成功。

······

金钱是衡量成功的重要尺度，几乎没有人不想成为富翁。有钱人确

■不是所有财富都能带来快乐。

实让人羡慕，他们可以轻轻松松地买房子、买车、买名牌服装、出入高档场所和豪华餐厅、去世界各地旅游等。在普通老百姓看来非常奢华的享受，对那些富翁来说是很寻常的事。老百姓有太多的梦想需要等着买彩票中了500万的大奖才能实现。

生活中难免有各种各样的不如意，当人们感到不快乐、不顺心的时候，就会想到金钱。有些事确实是需要用金钱来解决的，比如上学需要钱，生病住院需要钱。人们觉得如果自己有很多钱，就不会有那么多烦恼了。

于是人们抱怨"我怎么不是富翁啊"，他们开始不满意自己的生活。虚荣心使得他们总是和别人攀比，为了体验富翁的生活，他们甚至会借钱来买一些超出他们的支付能力的东西。对富人的嫉妒和仰慕，对自己收入的不满意，使他们的心理失去平衡。一味地追求高品质的生活，使他们陷入了没有止境的欲望深渊之中。

那些人只看到了做富翁的好处，没有看到富翁的烦恼。俗话说："家家有本难念的经。"伴随着金钱的积累，富翁们也会遇到很多常人所没有的烦恼。

富人比穷人更难得到快乐。穷人可以这样想："等我有钱了，一切就都好了。"当他们有了一些钱之后，就可以实现自己的愿望，比如，买名牌服装、去旅游、买汽车等等。当愿望实现之后，他们就会感到很开心，很满足。但是这些简单的物质享受不会给富人带来多少快乐。富翁们有那么多钱，按说应该很满足了，然而事实上他们总是抱怨自己的钱少。因为他们总是和别人攀比，眼睛死死盯着那些比自己更有钱的人。跟那些人比，他们的钱确实比较少。

　　按照这个逻辑，世界上只有一个人是有钱人，那就是比尔·盖茨了。但是，比尔·盖茨却不止一次地表示希望自己不是世界首富。在一次高层会议上，他抱怨说："这个虚名没有给我带来任何好处。拥有世界首富的头衔，你会变得毫无隐私可言。"

　　富人要经营自己的事业，每天都处在高度紧张之中。国家政策、市场形势等外部环境的变化都有可能影响到企业的发展。掌控大企业、大集团的富翁在做决策的时候要非常慎重，任何一个小小的失误都有可能造成巨大的损失。商场的竞争是激烈而残酷的，富人要提防自己的竞争对手的一举一动，以免丧失自己的地盘。富人自己没有办法经营庞大的事业，他要领导别人为自己的事业服务，因此他需要协调企业成员的关系，处理好内部的纷争。高度紧张的生活状态是疾病的摇篮，很多富人未老先衰，甚至因为劳累而死。

　　富人身不由己。可以说，很多富人成了财富的奴隶。他们为了让自己的财富不断增大，必须面对无休止的应酬。他们的日程排得满满的，没有自己可以自由支配的时间。比如，明天要和重要的客户进行谈判，无论是身体不舒服还是心情不好，他们都得去面对，否则就会造成重大损失。

　　对富人来说，一些平常的东西反倒成了奢侈品，比如，亲情、爱情和友情。他们拥有巨额财富，任何与他们接近的人都可能是为了他们的钱财。这让他们不得不提高警惕，不敢对别人敞开心扉，推心置腹。这也是为什么很多"钻石王老五"都不结婚的原因，他们很难得到纯洁的爱情。另外，他们忙着积累财富，没有过多的时间和精力去关心自己的亲人、爱人和朋友。

　　人们只是因为看到了富人们光鲜的一面，就认为有钱是好事。如果你考虑一下财富所带来的烦恼，就会发现穷人有富人享受不到的幸福。穷人的生活没有填不满的欲望，没有虚假的应酬，没有财产的纷争，只有宁静与平和；穷人没有巨额财富的累赘，病了可以请假休息，心情不好可以出去散散心；穷人不用担心别人图谋不轨，可以得到最纯真的爱情和友谊；穷人可以从平常的日子中体会到简单的快乐，一个甜筒冰激凌也能让他们笑得很开心。

【思路转换】

富人有富人的烦恼，穷人有穷人的快乐。

第八节　慢慢享受挣钱的乐趣

每月只能领取固定的工资，多少年才能挣够一套房子的钱啊；

那些炒股票的一夜之间就能赚几百万，真羡慕啊；

总盼着哪天福布斯排名榜上出现自己的名字；

真希望哪天能中五百万大奖；

也许我也能在互联网上打开一个金库；

……

网络时代造就了一批财富新贵，有些人年纪轻轻就成了千万、亿万富翁。"一夜暴富"的神话大大刺激了人们赚钱的欲望，很多人都想着赚大钱、快速致富，对蝇头小利不感兴趣。然而，理想和现实的差距很大，现实中没有那么多一夜暴富的机会，绝大多数人还得慢慢挣钱。这就加剧了人们的心理不平衡。如果过度沉迷于一夜暴富的神话，反而会丧失很多积累财富、发展事业的机会。

渴望快速致富的人们只看到了那些一夜暴富的人，没有看到那些一夜破产的人。能够赚大钱的项目一般风险都很大，比如炒股票就是高收益伴随着高风险的。钱来得快，去得也快。相对来说，还是赚钱慢的项目更有安全性。高风险的投资项目，一旦失败就会带来很大的损失。这给那些快速致富的人造成很大的压力，使心理素质差的人承受不了。所以不难理解股票下跌的时候，为什么那么多人会跳楼自杀。

总是盼着一夜暴富的创业者因为过于急功近利，结果往往会以失败告终。

2003 年，李军决定自己创业。这时短信市场异军突起。经过仔细调查之后，他认为这是一个可以一夜暴富的行业，决定赌一把。4 月，他创建了自己的公司，正赶上了短信市场的黄金时期。尽管初期投资不是很多，却在半年之内迅速盈利，平均每月盈利 2 万元。但是好景不长，2004 年各大电信运营商对短信的订阅加强了管制。李军的业务开始大量流失。很快，员工的工资加上各种违规罚款使他的公司难以维持。3 月，他的创业以失败告终，仅仅维持了不到一年的时间。

当然，渴望赚大钱并不是什么坏事，它可以让你不断向前奋斗。但是，要想有高起点，必须打下一个坚实的基础。低投入、高回报的机会小得就像中 500 万一样，可以忽略不计。正确的选择是踏踏实实地从小事做起，从小钱赚起。很多成功人士都是从赚小钱开始起家的。比如，李嘉诚最初卖过塑料花和洒水器，王永庆最初卖过大米，松下幸之助最初卖过自行车车灯。他们不只是从这些小买卖中挣到了一些钱，最重要的是从中积累了经验，为以后的事业打下了坚实的基础。

世界首富比尔·盖茨说："不要认为为了一分钱与别人讨价还价是一件丢人的事，也不要认为小商小贩没什么出息。金钱需要一分一厘积攒，而人生经验也需要一点一滴积累。在你成为富翁的那一天，你已成了一位人生经验十分丰富的人。"世界第二富豪沃伦·巴菲特说："千万别自大地认为你是个做大事、赚大钱的人，而不屑于做小事、赚小钱。要知道，连小事都做不好，连小钱都不愿意赚的人，是不太可能做成大事，赚到大钱的。"

小生意如果经营有方，坚持做下去，同样也可以创业成功。

对于工薪阶层来说，要成为有钱人似乎是遥遥无期的事。其实，工薪阶层不用承担风险，更可以享受慢慢攒钱的乐趣。有人会说，那么可怜的一点工资，省吃俭用也攒不了多少钱啊。再微薄的工资也可以积少成多，关键是要学会理财。理财并不是有钱人的专利，一百万有一百万的理财方式，一百块有一百块的理财方式。不要小看积水成河、聚沙成塔的力量。

对于大多数的工薪阶层，都应该从储蓄开始累积资金。"月光族"

就算薪水再高，每到月底都会归零，自然攒不下钱。工资只够糊口的"新贫族"更不必说。因此不论收入多少，拿到工资之后都应先将薪水的 10% 存入银行，办理零存整取的业务，保证"只进不出"。这样才能为积累财富打下一个稳固的基础。假如，你每月有 500 块钱的工资，20 年后仅本金一项就达到 12 万了，如果再加上利息，

■欲速则不达。

数目就更大了。

　　和那些战斗在商场中的人们相比，工薪阶层的生活实在是太安逸了。他们不用担心市场行情、竞争对手，不用担心巨额投资打水漂，就可以看着自己的存款每月增加一点点。虽然增加的不多，但是足够让他们享受其中的乐趣。

【思路转换】

　　欲速则不达，小利也可以成大事。

第九章
爱情、婚姻和家庭

第一节　她不爱我吗

她对我爱搭不理的，好像对我没什么好感。

我那么热烈地追求她，她居然认为我在开玩笑。

我向她表达爱慕之情，她却一点反应都没有。

......

《诗经·关雎》里有一句名言常常被人们引用："窈窕淑女,君子好逑。"漂亮又贤淑的女子当然是翩翩君子的好伴侣,总是得到君子的追求。然而,让君子感到苦恼的是"求之不得,寤寐思服。悠哉游哉,辗转反侧"。

有的男士找到自己喜欢的女孩之后,害怕遭到拒绝,不敢对女孩表白。他们通过女孩对待自己的态度来判断女孩是否对自己有好感。如果女孩对自己的态度很冷淡,他们就更加不敢表白了,甚至就此断定女孩不爱自己,从而放弃了追求。这样的男人真是蠢得厉害,自己不去表白,反而指望自己暗恋的人对自己充满热情,难道天下的女人都该对他有好感吗?生活中这样的例子并不少见,有些人因为自卑或者内向而不敢表白,结果错过了大好姻缘,留下了一生的遗憾。

小王暗恋自己的女上司很长时间了,但是他为自己职位的低下而感到自卑，觉得自己配不上她，所以一直把爱埋在心底。女上司对他的态度也是平平淡淡的，和对待别的职员没什么两样。他越发觉得自己是癞蛤蟆想吃天鹅肉——痴心妄想。为了避免招来同事们的闲言碎语，他竭力克制自己的感情，丝毫不在外人面前表现出对女上司的爱慕之情。后来，在家人的安排之下，小王娶了一个自己并不爱的女人为妻。

多年之后，小王有了自己的公司。在一次商业酒会中，他遇到了当年的女上司。他用调侃的语气说起了当年对她的爱慕之情。没想到，女上司听后非常激动，原来当年她也一直爱着小王，但是害怕遭到拒绝而没敢表白。

有的男士非常大胆，他们对自己喜欢的女孩展开热烈的追求，结果把女孩吓跑了。直白、粗鲁的求爱方式和纯洁、美妙的爱情是很不相配的。最真的爱是无须用语言来表达的。如果你直截了当地对一个含蓄的女孩说"我爱你，嫁给我吧"，会有两种结果。一种是女孩被吓跑了，她认为你在寻开心；另一种是女孩开心地笑起来，她认为你在开玩笑。爱情是美好的，自古以来就被文人墨客歌颂。含蓄的、优雅的求爱方式才配得上纯真的爱情。很多经典的求爱故事，被人们广为传颂，比如马克思追求燕妮的方式。

有一次，马克思把燕妮约出来，愁眉苦脸地对她说："燕妮，我已经爱上了一个姑娘，决定向她表白爱情，可是担心被她拒绝。"一直暗恋马克思的燕妮听到这句话，不禁大吃一惊，她强作镇静地说："你真的爱她吗？"马克思告诉她："是的，我爱她，我们相识已经很久了。她是我碰到的姑娘中最好的一个，我从心底里爱她。"

失意的燕妮愣住了。这时，马克思说："这里还有她的照片，你愿意看吗？"他递给燕妮一个精致的小木匣。燕妮用颤抖的手接过木匣，打开之后立刻呆了——哪有什么照片，原来里面放着一面镜子，所谓"照片"就是她自己！

马克思的求爱方式真是含蓄到了极点又浪漫到了极点。这个经典案例经常被人们效仿，你也可以试试。电影《归心似箭》里，玉贞爱上了

■男人表白要讲技巧。

在自己家养伤的魏得胜。有一次，魏得胜抢着帮玉贞挑水，玉贞深情地说："好，让你挑，给俺挑一辈子！"以此类推，你可以帮心上人拿东西或者倒茶，她会说谢谢，你可以趁机说："我想给你拿一辈子。"或者你问她："可以坐在你身边吗？如果能一辈子坐在你身边，那该多幸福啊！"

有的男士向女孩表达了爱慕之情以后，没有得到及时的或肯定的答复，就认为自己被否定了。他们不知道，对很多女孩来说，表达自己的爱意是一件难以启齿的事。她们一般不会直白地对一个男人说："我爱你。"男士们应该细心地、耐心地体察心上人的只言片语，甚至眼神和动作，看看她是不是在对你暗送秋波。如果你死死地等着从她嘴里说出的那三个字，如果只凭那三个字来判断她是否爱你，那就太蠢了。

古代有个公子，看到一家墙院内的荷花很美，就翻墙进去观赏。结果他不小心跌倒了，爬起来时身边多了一位比荷花还要美的女子。那女子望着风度翩翩的公子，心里早生了爱慕之意，于是随口问道："因荷（何）而得藕（偶）？"公子不假思索地回答："有杏（幸）不须梅（媒）。"从而演绎了一段爱情故事。

总之，在你向心上人表白之前，如果她对你没有什么表示，也不要盲目地断定她不爱你；在你向心上人表白之后，如果没有得到明确的答复，也不要轻易断定她不爱你。先从自己身上找找原因，克服害怕拒绝的心理去向她表白。如果没有得到明确的答复，想想是不是自己的求爱方式有问题。

【思路转换】

男人求爱要有耐心，女人一般比较含蓄。

第二节　他变心了

相爱 7 年之后，他居然把我抛弃了，伤心欲绝。

当初他夸我貌若天仙，如今我脸上长了皱纹和雀斑，他竟然说我丑。

一场疾病把我变成了废人，在我最需要爱人帮助的时候，他却离我而去。

我有钱的时候他对我百般呵护，现在我没钱了，他就对我冷言冷语。

有人说，男人有了钱就会变心，我本来不信，可是他真的变心了。

……

爱情就这么经不起考验吗？曾经的海誓山盟，曾经的万般柔情，曾经的甜言蜜语，都不算数了吗？怎么才能面对被抛弃的事实？以前和他在一起的那些甜蜜的情景历历在目，怎么能相信他会背弃我？很多女人被抛弃之后撕心裂肺，感到自己的心被掏空了，认为自己被生活欺骗了。她们无法面对现实，很难振作起来开始新的生活。如果爱情那么不值得信赖，活着还有什么意思？有的人甚至为此而自寻短见。

《杜十娘》是明代白话小说《三言》中的名篇。杜十娘是一位名妓，她追求自由幸福的爱情，遇到公子李甲之后，认为他可以托付终身。杜十娘怀着和李甲白头偕老的愿望，经过苦心经营，终于脱离了牢笼，幻想着过上幸福美满的生活。可是，在朋友孙富的劝诱之下，李甲害怕父亲容不下烟花女子杜十娘，打算把她以一千两黄金的价钱卖给孙富。杜十娘声色俱厉地痛斥李甲："昔日海誓山盟，只说白首不渝，谁知几句浮言，郎竟将妾拱手相让，只为了换得那区区千金。叹郎有眼无珠，恨郎薄情寡义，今众人有目共证，妾不负郎，郎自负妾，一片痴情，空付枉然。此恨绵绵，今生无尽，待我来世再找郎算清！"说完，抱着价值不下万金的百宝箱投入江中。

被薄情寡义的负心汉抛弃了确实不是什么好事，但是大可不必为此伤心欲绝。这证明他并不是真的爱你，或者他现在已经不再爱你。你所守护的那份爱情并不是真爱，真正的爱情不会如此经不起考验。7年的时间够长了，相处这么长的时间，他都能把你抛弃，可见那不是真爱。如果爱情能够被容貌、疾病等身体的变化打败，那份爱情也不值得留恋。真正的爱情应该能够让你们同富贵共患难。经不住金钱考验的爱情同样不是真爱。如果爱情能够不被容貌、金钱等物质的东西所影响，不被信仰、国仇家恨等情感的东西所左右，真正经得起一生一世的考验，就是真爱。

一位女舞蹈演员在一次车祸中丧失了双腿，她不得不告别舞台，告别自己钟爱的舞蹈艺术。这对她来说是个致命的打击。但是她并没有失去信心，她觉得自己还有双手和头脑，还有家人和朋友的帮助。没想到，更沉重的打击还在后面。办完出院手续之后，结婚不到一年的丈夫提出了离婚。别人都谴责这个丈夫没有良心，担心她承受不了打击。而她冷静地思考之后，表示同意离婚。她既没有埋怨丈夫，也没有寻死觅活。她觉得既然丈夫不爱她，离婚对他们彼此来说都是一种解脱，他们可以重新开始，各自寻找自己的真爱。

■真爱经得起一生一世的考验。

在爱情的问题上，很多人都相信缘分。缘分很美，朦朦胧胧的感觉，又有很多不确定性。当两个人的爱情走到尽头的时候，他们的缘分就尽了。缘聚要珍惜，缘尽莫强求。佛说："前世的五百次回眸，才换来今生的擦肩而过。"在这个世界上，有无数人和你擦肩而过，很多人和你有一面之缘，少数人成了你的至交好友，能和你白头偕老的只有一个人，他什么时候出现就不能确定了。

一个女孩被男友抛弃之后

痛不欲生，她去找好朋友诉苦，哭得昏天黑地，边哭边说："他说永远爱我的，可是为什么又变心了……"

朋友等她平静下来后，给她讲了一个故事：

从前有个书生，和未婚妻约好某年某月某日结婚。到那一天，未婚妻却嫁给了别人。书生受此打击，一病不起。有一个僧人路过书生家，他从怀里摸出一面镜子叫书生看。书生看到一名遇害的女子躺在海滩上。路过一人，看一眼，摇摇头就走了。又路过一人，将衣服脱下，给女尸盖上，然后走了。再路过一人，过去挖了个坑，小心翼翼地把尸体掩埋了。僧人解释道，那具海滩上的女尸，就是书生未婚妻的前世。书生是第二个路过的人，曾给过她一件衣服。她今生和书生相恋，只为还一个人情。但是最终她要报答的人，是最后那个把她掩埋的人，也就是她现在的丈夫。

听完故事，女孩若有所悟。

既然他那么容易就变心了，说明他太不值得信赖了，不是可以让你托付终身的人。就算你苦苦哀求终于把他留住了，你能保证他真的爱你吗？你能保证他永远不再变心吗？死死抓着一个不爱你的人，就太不明智了，不但得不到什么好处，还会失去尊严。放开他，你还有寻找真爱的权利，还有重新选择的机会。为什么不去追求属于自己的幸福呢？

【思路转换】

天涯何处无芳草，何必单恋一枝花？

第三节　善意的欺骗

他曾发誓已经和前女友一刀两断，没想到他会背着我和她约会。

他说和那个女人只是普通朋友，却在办公室的抽屉里藏了她的照片。

昨晚约会，男友解释说自己生病了，事实上他去和一群兄弟喝酒了。

他对我说今晚加班不回来了，鬼知道他干什么去了；

……

相爱的两个人应该坦诚相待，这是最起码的尊重。如果有人撒谎，说明双方之间有隔阂，确实应该提高警惕。但是，如果就事论事，就会把一件小事扩大化，还找不到问题的根源。其实，如果深入发掘男人撒谎的原因，女人就不会那么火冒三丈了。想想看，他为什么不对你说真话，而选择骗你？

有人说："只有敌人才会对你讲真话，朋友和爱人等受责任的约束会无休止地对你撒谎。"这话有一定的道理。如果他骗了你，那么他肯定是爱你的，至少他在乎你的感受。他做了你不喜欢的事，怕你责怪他，所以骗你。他知道自己做错了，于心有愧，所以撒谎。可见，你在他的心目中还是很重要的。假如换成一个他毫不关心的人，他就不会费尽心思地撒谎了。体谅一下男人的难处吧，当你对他表示理解和同情之后，也许他就会对你敞开心扉了。

如果女人从自己身上找找原因，她们就更没有理由责怪男人说谎了。如果他说真话，你能不能理解他，会不会误会他？男人知道女人小心眼，害怕引起误会，为了避免发生冲突所以选择撒谎。如果他对你说真话，你会支持他吗？男人认为如果说真话，不但得不到支持，还会听到反对的声音，所以不如说谎。

一个男人的前女友得了重病，她的丈夫在部队当兵没有办法照顾妻子。这个男人瞒着妻子去医院看了她几次，而且借给她一些钱。结果，他的妻子知道以后醋劲大发，认为丈夫没忘旧情：如果只是出于同情，何必遮遮掩掩？丈夫问她："如果告诉你实情，你会让我去看她吗？"妻子更委屈了："我就那么不通情达理吗？"

如果妻子真的是一个宽宏大量、通情达理的人，丈夫还会瞒着她吗？丈夫一定是凭借以往的经验，推断出妻子不会支持他，所以才选择撒谎。

你是不是管得他太紧了？相对来说，男人比女人更希望有自己的私人空间，而女人总想对男人的行踪了如指掌。如果你让他透不过气来，他就只好用撒谎来逃避情感的压力。

小丽和男朋友阿强约会时说："你是不是经常骗我？"阿强一脸无辜："没有啊！"小丽胸有成竹地让他把手机掏出来放在桌子上，然后用自己的手机打电话给阿强的哥们儿张明："张明，你好，我找阿强有急事，听说他在你那里。"张明说："啊……他是在我这里，我们商量点事儿，他现在在卫生间，等他出来我让他给你回电话。"

挂掉电话之后，小丽得意地看着桌子上的手机。几秒钟之后，手机响了，小丽按了免提，只听张明说："赶紧给小丽回电话，就说在我这里呢。她刚刚给我打电话找你，我说你在我家卫生间呢。"

如果一个男人一夜没回家，女人给他的 10 个好朋友打电话，至少会有 5 个信誓旦旦地说他昨晚和自己在一起。很多男人之所以不结婚，就是因为害怕结婚以后被老婆管得太严，失去了很多自由。

你是不是怂恿他撒谎了？女人总喜欢问男人"你爱我吗？"之类的问题。男人知道女人期待的答案，于是不假思索地说："我爱你。"当被女人问得烦了，男人的回答就显得敷衍塞责了。于是，女人从中看出来他不是认真的，认为自己被骗了。

说实在的，像这样的追问确实有无理取闹的嫌疑。他不忍心说你无理取闹，只好随口应付了事。很多时候，男人说谎都是为了让女人满意。

如果能够找到男人说谎的深层原因，就完全没有必要为了一次谎话而无休无止地闹下去了。站在男人的立场考虑一下，你就能理解他并原谅他了。

■善意的谎言，善良的心。

如果你发现他撒谎之后，就对他横加指责，怀疑他的人品，闹得天翻地覆，那样只能把两个人的感情闹僵。只有睁一只眼、闭一只眼才不会因小失大。

【思路转换】

他骗你说明他在乎你。

第四节　她可真能唠叨

女人真麻烦，整天家长里短地唠叨个没完。

不知道她的事为什么那么多，唠叨起来没完。

老婆每次穿新衣服都要问我好不好看，真烦。

她总是打听我工作的事情，她又不懂。

她是天底下最能唠叨的人，如果我忘了吃药，她能唠叨一天。

她发现我和女同事吃饭，就没完没了地数落了一通。

女人总是把一件事说三四遍。

……

唠唠叨叨确实让人烦不胜烦，不知道有多少男人曾诚恳地祈求女友或妻子："你能不能不再唠叨？"女人的反应则是："你怎么不好好听我说话？"有些男人实在忍受不了没完没了的唠叨，为了摆脱喋喋不休的女人，他们宁愿向老板请求加班也不愿回家。当他们不得不面对女人的唠叨时，他们总是心不在焉，随口应付。因为他们知道女人唠叨的都是一些无关紧要的小事，不用认真听。

这种漠不关心的态度会把女人惹火，她会觉得你不关心她，或者觉得她那么关心你，你却不在意，于是不依不饶。这时如果你拿出男子汉的气概来对她大发雷霆，说她"婆婆妈妈"，必然会闹得鸡犬不宁、天翻地覆。结果两个人的感情越来越冷淡。

为什么不把女朋友或妻子的唠叨当作一种享受呢？为什么不为自己

是她信赖的倾听者而感到欣慰和骄傲呢？为什么不为她们对你细致入微的关怀而感动呢？

如果一个女人总是对你唠叨一些自己的开心事或烦心事，说明她依赖你，把你看作最好的朋友，希望和你一起分享自己的喜悦和忧伤。她认为你会理解她、安慰她，和她一起笑、一起哭。作为丈夫或者男友，难道你希望她去向别人诉说自己的心事吗？如果她把你当外人，还会对你喋喋不休吗？她向你唠叨家长里短的事，也许只是心情好或者心情不好，想找个人聊天。她把自己的开心事和你分享，是想让你也体验一下她的快乐。她把自己的伤心事向你诉说，是想从你那里得到安慰和支持。她穿新衣服的时候问你的意见，说明她很在意自己在你心中的形象——"女为悦己者容"嘛。

如果一个女人总是对你唠叨一些你自己的事，表示她关心你。一个跟你毫不相干的人是不会询问你的工作进展如何，不会关心你是不是吃过药了。打听你的工作进展，说明她关心你的事业，希望你有更好的前途。嘱咐你一些生活琐事，比如按时吃药、注意卫生等等，说明她关心你的生活起居，你还能找到一个比她更体贴你的人吗？

■十有八九的女人都是"唠叨皇后"。

如果一个女人因为吃醋而对你唠叨，说明她很在乎你，但是对你不放心。她担心你不再爱她了，担心她在你心中的地位下降。如果她发现你和别的女人一起吃饭而大发脾气，说明她吃醋了。相反，如果她看到你和别的女人在一起而无动于衷，那才让人担心呢。如果和她约会的时候你迟到了，她对你不依不饶，你同样要理解她，并且有理由欢呼雀跃一番——她多想早点见到你啊！

女人比男人细心，总是提醒他们要注意哪里，哪些地方做得不好等等。相对来说，女人比男人更懂得如何打理生活。"别把湿毛巾扔在床上"、"别把袜子随处乱扔"、"别忘了倒垃圾"……当男人听到这些话的时候，恨不得把她的嘴封上。尽管男人心里知道自己的坏习惯确实不少，但是他们不愿意改。有人说："女人爱唠叨是因为男人不听话，或者男人的记性差。"说一遍不顶事，女人们只好两遍、三遍、四遍地说，但是在你的同学、朋友、领导、同事里面，谁还有这么好的耐性，不厌其烦地对你说一件事呢？

女人对你唠叨说明她的注意力都在你身上，反之亦然。如果女人不再唠叨了，说明她的心思放在别的地方了。比如，她在忙自己的工作，或者沉迷于绘画、音乐等爱好，还有可能是她找到了一个愿意听她唠叨的异性朋友。这时，你就会感到不舒服了：半天也不说一句话，不知道她在想什么；她穿那件衣服真没品位，怎么也不问问我的意见；工作遇到麻烦了，她怎么也不关心一下；又忘了吃药了，她也不提醒我；我和女同事吃饭，她居然熟视无睹……当你恍然发现她已经另结新欢的时候，你会后悔不迭，都怪自己当初没有好好听她唠叨！

【思路转换】

你老婆是"唠叨皇后"吗？多幸福啊，有个人关心你。

第五节　他真懒

他宁可饿肚子也不做饭。

他从来不收拾屋子。

电源插座坏了，说过多少次了，他就懒得修。

我只希望忙不过来的时候，他能帮我带带孩子。

和亲戚、朋友处理好关系多么重要，他却懒得和别人打交道。

家里的大事小情，他从来都不管不问。

……

　　什么都得给他做好，什么都得为他操心，世界上还有比他更懒的人吗？妻子觉得自己很委屈，辛苦工作一天之后还得做饭、洗衣服，累得要命，丈夫却不帮忙。凭什么家务事都得由女人来做？妻子觉得很不公平。奉养老人、照顾孩子、打理关系这些事全部由自己负责，丈夫每月把工资交到妻子手里就认为万事大吉了，家里的一切用度都不管不问。妻子大发牢骚，抱怨丈夫太懒了。然而，丈夫并不会因为妻子说他懒就会变得勤快一些，他依旧我行我素。矛盾激化之后，妻子可能会选择罢工。结果没有人做家务，家里乱得好像没有人住一样；没有人管财政，总是入不敷出。这样时间长了，就没有一点"家"的样子了。两个人越来越看不惯对方，最后只能分道扬镳。

　　丈夫太懒确实会加重妻子的负担。妻子忙完了工作还得忙家务，而丈夫却在一旁优哉游哉地看电视。受苦受累的妻子，怎么能不抱怨？但是，如果你的丈夫不做家务，先别急着抱怨，这说明他依赖你，离了你他就活不好了。

　　民间有这样一个传说：一个女人嫁给了一个懒汉。这个懒汉懒得出奇，连手指头都懒得动一下。过了些日子，女人要回娘家。她知道丈夫懒得弄吃的，怕丈夫饿死，就在出门之前烙了几张大饼，把大饼中间掏空，套在丈夫的脖子上。这样只要丈夫一张嘴就可以吃到大饼。真是个好主意！妻子放心地回娘家了。可是妻子回来之后，发现丈夫还是饿死了。原来懒汉吃掉嘴巴附近的大饼之后，懒得把大饼转一下。

这个故事虽然有点夸张，但是现实中的懒丈夫们在妻子离开的日子过得确实不怎么样。他们吃不上可口的菜肴，只好胡乱吃一些水果或者买一些面包、饼干充饥。他们常常找不到日用品，因为他们以前根本不用做家务。总之，妻子离开之后不久，丈夫就会怀念妻子在家的时候那种什么都不用操心的舒适生活，急切地盼望妻子回家。他需要有人为他打理生活。妻子不妨找一个适当的机会，离家出走一段时间，让丈夫意识到自己存在的价值。俗话说："小别胜新婚。"丈夫明白了你的辛苦，就会对你更加尊敬，更加体贴。

传统观念是"女主内，男主外"，按照这种观念，洗衣、做饭、布置居室等家务应该由女人来做，事实也是如此。修理电器、洗车、搬运重物等粗重的活儿以及与外界打交道等则应该由丈夫来负责。如果丈夫懒得连自己"份内"的事都不管，那么妻子怎么办呢？

■懒人总想着更懒。

如果丈夫懒得和政府部门、物业管理以及周围的邻居打交道，那么社交的重任也要由妻子来承担。妻子完全没有必要为此埋怨丈夫，这对你来说何尝不是一件好事呢？你成了真正的一家之主，你和那些人比较熟悉。如果家里有什么问题需要解决或者有什么事情需要帮忙，由你出面会得到更好的处理。如果你不在，你的丈夫可能会处处碰壁，因为他和那些人没有搞好关系。

丈夫认为一切都很简单，每月把工资交给妻子让她勤俭持家。但是不当家不知道柴米贵，不当家不知道那些生活琐事的麻烦和累赘。妻子懂得什么样的蔬菜是新鲜的，怎么和菜贩子讨价还价。妻子知道哪家药店有丈夫需要的药，而且比较便宜。丈夫对这些毫不关心，也懒得去关心，因为有妻子在，他们不用关心就可以过得很舒服。然而，一旦妻子离开，他们就慌了手脚，不知道如何应付各种琐事，只好向妻子求救。这时，妻子完全应该为自己感到自豪。

如果丈夫很懒，妻子就不得不应付生活中各种各样的事情。她的各方面能力都会得到锻炼。她不仅仅是家里的女主人，还是家庭的总经理、司机、公关专家、人事主管、厨师、洗衣妇、裁缝、采购和会计，同时也是丈夫的护士、佣人、秘书、生活顾问、倾诉对象等等。如果家庭离了她，就很难正常运转；如果丈夫离了她，就过不上舒服的日子。

【思路转换】

嫁给一个懒丈夫，你能更好地在家庭中实现自己的价值。

第六节　没有激情了

再也没有初恋时那种心跳的感觉了。

和他（她）在一起，平淡得像一杯白开水，真没意思。

听他（她）说完上半句话，我就知道下边要说什么，一点悬念都没有。

繁杂的家务事让人头疼，哪里有心情制造浪漫啊。

以前我对他（她）那么痴情，现在一点"性"趣都没有。

……

两个人在一起生活几年之后，熟悉得不能再熟悉了，你握着他（她）的手和握着一根木头没什么区别。爱情不会总是热烈如火，发展到一定阶段之后就会渐渐趋于平淡。对于喜欢寻找激情的人来说，这种平淡的日子是一种灾难。就像一部电影里演的那样，一个丈夫向妻子提出离婚，没有别的理由，只因为每天要面对同一张面孔，每天都要吃一样的饭菜。他感到厌烦了，他想寻找激情。现实中，由于两个人没有激情而导致离婚的案例也不在少数。

也许这也是为什么有一个"七年之痒"的原因，情感的疲惫和彼此的厌倦会使婚姻走向终结。婚姻生活里充满了油盐酱醋的味道，缺少了风花雪月的美景。沉重的工作压力和太多的家庭琐事绝对会销蚀两个人的感情；再加上盲目恋爱时所忽略掉的对方的缺点和两个人在性格和生活方式上的不同逐渐暴露出来，必然会使婚姻进入一个"瓶颈"。

人们说"婚姻是爱情的坟墓"，难道面对情感的疲惫和彼此的厌倦，只能眼睁睁地看着婚姻把爱情掩埋吗？如果换个角度想想，你会发现这正是重造爱情的好时机。你可以学学电视剧里的情节，对你的爱人说："让我们重新开始吧！假装我们现在是陌生人怎么样？"然后，向你的爱人伸出手说："你好！我叫×××，很高兴认识你！"很好笑吗？如果你认真去做，一定能收到意想不到的效果。

另外一个唤起激情的有效方法是出去走走。两个人朝夕相处，天天重复着一样的生活，当然会感到厌烦。这时如果有一个人出去走走就会打破常态，从而获得新鲜感，分开之后就会感觉还是两个人在一起比较好，于是开始思念对方，当两个人再次见面的时候就会达到"小别胜新婚"的效果。

最妙的是两个人一起出去走走。很多时候，烦人的工作或者家务事扼杀了浪漫的心境和气氛，这时你们可以策划一次"浪漫的逃离"。摆脱一切繁杂的俗事，摆脱一切公式化的生活，摆脱一切家庭的责任，带着爱人从家里逃走，重温初恋的激情。在大海边，在高楼顶上，在一个秘密花园里，或者在豪华的宾馆里，迎着晚风在月光下共度一个浪漫的夜晚。暂时把一切烦恼抛在脑后，尽情体验一下美妙的二人世界。这样可以唤醒沉睡的心灵，燃起内心深处的激情。环境的改变会让你们的心境也焕然一新，这种新鲜感会让你们像孩子一样长时间地保持兴奋。

此外，你可以写一封情书给她，还可以在电话里诉说衷肠，或者在一个并不特别的日子送给她一束玫瑰花，附上一个写有情诗的卡片。也许你觉得老夫老妻没必要搞那一套，而事实上，问题的症结就出在这里。激情的消失往往是因为两个人缺乏情感的交流，女人得不到被男人呵护、关心和宠爱的感觉，男人得不到被女人欣赏、崇拜和感激的感觉，因此两个人的关系越来越冷漠。

那些表达爱意的方式并非是初恋情人的专利。结婚几年之后，两个人没有激情了，这时如果制造一些浪漫的小惊喜，甚至比初恋的时候更有效。

浪漫的行为是挽救爱情的最佳途径。浪漫并不需要花费太多的金钱和心思去刻意营造，只需要让你的爱人知道你在乎他（她）。浪漫其实就是一些简单的行为，比如一个关爱的眼神和微笑，一个主动的拥抱。这些非语言的交流比语言的交流更温馨更浪漫。在浪漫的氛围下，情感的交流会变得更容易。

激情是两个人的事，如果你感到没有激情了，事实上，这时你和你的爱人都希望重新获得激情。这个困境恰恰是制造浪漫的最佳机会。你们都在忍受着生活和工作的巨大压力，并且希望有人和自己分担。那么，工作一天之后，就把自己的烦恼和愿望向爱人说说吧！有效的交流会让你们产生相濡以沫的感觉。

【思路转换】

没有激情的时候，恰恰是再造爱情的最佳时机。

第七节　孩子一点儿也不听话

孩子太不听话了，我让他干什么，他偏不干。

学医多好啊，可以继承祖业，可是儿子一定要学美术，真拿他没办法。

告诉他那样做不行，可是他非要试一试。

跟女儿说过多少次了，不要急着找男朋友，可是她偏偏不听。

······

　　家长对孩子的最高赞扬是"听话"，老师对孩子的最高要求也是"听话"。传统观念认为，好孩子就应该听家长和老师的话。听话的孩子让家长和老师省心，他们常常受到"真乖！真是个好孩子！"这样的称赞。谁会喜欢不听话的孩子？上蹿下跳，出了危险怎么办？横冲直撞，什么都不管不顾，闯了祸怎么办？脾气倔强，越来越不服管教，走上邪路怎么办？不听话的孩子确实让人感到头疼。他们凡事都有自己的主意，不按家长和老师教的做，还能讲出一些稀奇古怪的道理，气得父母和老师要命。

　　如果孩子不听话，家长和老师就会使出浑身解数恩威并施，力求把孩子打造成听话的好孩子。妈妈可能会说："听话！按我说的做，妈妈给你奖励。"爸爸没有那么好的耐性，如果孩子不听话，他可能会拳脚相加，或者罚孩子跪地板、站墙角，直到孩子"听话"为止。这样的教育一味强调"听话"、"顺从"，就会让孩子遇事没有主见，只会跟在父母和老师后面亦步亦趋，将来很难在社会上有所作为。

　　虽然不听话的孩子让家长和老师费心，但是换一个角度看，你就会发现不听话的好处。相对来说，淘气、顽皮的孩子比乖孩子更具有成功的潜质。事实上，很多成功人士小时候都不是很听话，不听话的习惯使他们总是对问题抱有独特的见解，而且勇于另辟蹊径，所以能够走向成功。比如苹果电脑的创始人乔布斯上学的时候很不听话，经常逃学，最后中途退学，创建了苹果电脑公司。这里并不是说不听话的人一定会有所成就，而是不听话的孩子有主见。遇到问题时他们不轻易向别人求助，而是自己想办法解决。听话的孩子习惯于依赖别人，等着别人给他们指出一条路。不听话的孩子有头脑，他们善于表达自己的思想，阐述自己的理由。听话的孩子懒得动脑筋，他们完全按照家长和老师说的去做，而不去想那样做到底对不对，以及为什么那样做。

　　不听话的孩子有勇气。他们明明知道表达不同的意见会受到家长和老师的指责，还勇于坚持自己的见解。听话的孩子即使有了不同的意见也不敢说出来，害怕遭到指责。

不听话的孩子有自信。虽然家长和老师一再否定他们的观点和做法，他们依旧我行我素，坚持自己的主张。听话的孩子即使有了自己的主张也会小心翼翼地藏起来，觉得自己的观点不值一提，说出来还怕被人笑话呢。

一位家长说："我的孩子特别听话，让他干什么他就干什么，从不惹是生非。他很懂事，对人很有礼貌。他不但听我们的话，也听老师的话，每次都能认真完成作业，回家后还把在学校发生的事告诉我们。但是，这孩子不像别的孩子那样活泼好动。他好像对什么事情都没兴趣，而且胆子很小，不敢接触新鲜事物，对没有玩过的玩具、没有见过的事和没有接触过的人表现出害怕的样子。他像一个机器人，从来没有独立解决过一件事，总希望我们为他安排好一切。我们担心他将来很难在社会上立足。"

另一位家长说："我的孩子特别不听话，经常惹是生非。你叫他干什么，他偏不干。他太活泼好动了，好像对什么都感兴趣。他什么都不怕，见到新鲜的玩具一定要试试。家里的电器都被他拆开，又组装起来。

■遇事没有主见，只会跟在人后亦步亦趋，将来很难在社会上有所作为。

我们觉得他将来会成为一个发明家或者冒险家。他总是想摆脱我们的束缚，自己闯一番事业。我们一点儿都不为他的未来担心，离开我们的帮助，他完全可以自力更生。"

您希望自己的孩子是一个听话的机器人呢，还是希望他是一个不听话的发明家？

当然，我们并不是倡导家长完全放任孩子，有三种情况家长必须让孩子听话。第一，孩子很小的时候，要学习基本的生活技能，比如吃饭、洗脸、刷牙等等；第二，要让孩子遵守一些基本的道德准则和法律规范，比如待人有礼貌、尊重别人、不偷东西、不杀人等等；第三，在紧急情况下，没有时间详细说明，家长必须要求孩子绝对的信任和服从。

很多家长在一些无关紧要的问题上要求孩子听从自己，他们或者极力地把自己的人生经验套在孩子的人生中，或者希望在孩子身上实现自己没有完成的梦想，完全没有为孩子考虑。每个做父母的都希望孩子超越自己，但是如果孩子百分之百地听话，顶多是父母的复制品而已，还有可能做得更好吗？

如果你的孩子不听话，先不要急着教训他，换个角度想想，他在不听话的同时是不是也存在着某种优秀的品质。

【思路转换】

不听话的孩子多有主见，有主见的孩子更容易成功。

第十章

失败也能收获成功

第一节　被拒绝时根本不用难过

面试又没有通过，好失望啊；

费尽心血写了一份企划方案，居然被老板否决了，真伤心；

把自己得意的论文向校报投稿，没想到被拒绝了，真难过；

这是第三次被辞退了，我是不是真的很没用啊？

……

被别人拒绝是我们生活中的一部分，躲也躲不开。就像你不能指望全世界的人都喜欢你一样，你不能指望全世界的人都接受你。被拒绝表示你不能让别人满意，你没有足够的能力胜任工作、你的方案不够成熟、你的作品不够优秀，至少在拒绝你的人看来是这样的。当你自信满满地去面试，结果遭到拒绝之后，你会不会像泄了气的皮球一样萎靡不振，对自己失去信心了呢？当你精心策划的方案被老板枪毙之后，你会不会认为自己很没用，觉得自己前途暗淡呢？当你把得意的作品交给老师看的时候，却被指责得一无是处，你会不会觉得颜面扫地，感到很伤自尊呢？

有的人被拒绝之后，就认为自己真的很没用，对自己丧失信心，再

■拒绝并不可怕，上帝在关上一扇门的时候总会打开一扇窗子。

也打不起精神来。如果连续遭到拒绝，他们更加会觉得没什么指望了。尤其是那些自尊心强的人，本来对自己的期望很高，遭到拒绝之后心理上受到严重的打击，于是自暴自弃，有些人甚至走上绝路。被人拒绝确实不是什么好事，但是如果为此而灰心丧气就太不应该了。

别人说你没用，并不表示你真的没用。你只是没有遇到伯乐而已，只是失去了一个施展才华的机会而已。也许下次遇到一个慧眼识英才的人，你就可以大展宏图了。如果你遭到一两次拒绝之后就自暴自弃，不但会丧失更多的机会，还会渐渐地失去本来具有的天赋。如果你时刻保持积极乐观的态度，总会有一扇门为你打开的。

1900 年，爱因斯坦从苏黎世工业大学毕业。他本来打算留校任教，但是由于他对某些功课不热心，而且和老师们的关系冷淡，被学校拒绝了。没有办法，他只好出去找工作。结果又是屡屡遭到拒绝。在毕业后一年半的时间里，他一直处于失业状态，只能靠做家教和代课过活。他觉得自己"被一切人抛弃了，只能一筹莫展地面对人生"。后来，在朋友马塞尔·格罗斯曼的帮助下，他在瑞士专利局找到了一份工作。爱因斯坦后来谈到这件事的时候说："这有点像救命之恩，没有他我应该不至于饿死，但精神会颓唐起来。"

设想一下，如果当爱因斯坦屡次遭到拒绝之后，变得精神颓唐起来，他还能取得在辐射理论、分子运动论、狭义相对论、广义相对论、现代宇宙学等领域的伟大成就吗？他还能成为 20 世纪最伟大的科学家吗？

一个人遭到拒绝的原因很多，并不一定是由于你没本事。比如，你在找工作的时候遭到拒绝，可能因为人家已经招满了，或者由于工作人员的一时失误没有及时给你录取通知，或者由于其他的客观原因。如果仅仅因为被用人单位拒绝了，就盲目地否定自己，岂不是很愚蠢？

日本人神田三郎是一个自负的年轻人，上学的时候成绩很好，他对自己的前途充满了信心。大学毕业后，他参加了松下电器公司的招聘考试。面试的时候，他给公司的老总松下幸之助留下了非常深刻的印象。出人意料的是他的笔试成绩只得了2分，没有进入录取线。招聘结束之后，松下幸之助想到了那个年轻人，他觉得他的笔试成绩不该那么低，于是让人复查考试成绩。结果发现神田三郎的笔试成绩名列第二，由于计算机出了故障，把分数和名次弄反了。松下幸之助赶紧让人给神田三郎补发录取通知书。

但是，神田三郎已经因为招聘落选而绝望地跳楼自杀了。

神田三郎仅仅因为一次拒绝就认为自己彻底没戏了，如此经不起打击的人就算被松下电器公司录用了，也很难做出伟大的成就。相比之下，美国著名电台主持人莎莉·拉斐尔却能够在不断被拒绝的过程中变得更加坚强。

拉斐尔在30年的职业生涯中曾经被辞退18次，但是她从来没有放弃奋斗，她变得越来越坚强。遭受18次拒绝之后，她从中总结经验和教训，鼓起勇气向国家广播电台推销自己。电台勉强答应了，但是要她担任政治节目的主持人。虽然她对政治所知不多，但是她选择了大胆尝试。她在这个行业积累的经验使她表现得非常出色，吸引了很多听众。终于，她成了优秀的主持人。她回忆往事的时候说："我被辞退了18次，别人的否定也许会让我觉得自己不适合做主持人，但是我没有被困难吓倒，它们鞭策我更加努力地奋斗。"

就算你现在真的能力不足，也不代表永远不能取得成功。

英国广告界的传奇人物保罗·亚顿曾担任上奇广告公司的创意总监。有一次，他看到一个年轻人的作品实在太糟糕，就严词批评他。那个年轻人遭到了上司的批评和否定，自信心受到严重的打击。他感到非常绝望，一个人躲在办公室哭起来。保罗听说之后，来到办公室安慰他。保罗说："不用担心，我在你这个年纪的时候也很没用。"

如果你换个角度看问题，就会发现被人拒绝对自己来说未尝不是一件好事。遭到拒绝之后，你就能找到自己的不足之处，明确自己进步的方向，使自己的能力提升到更高的水平。所以，完全没有必要因为遭到拒绝而感到难过，你应该高兴才对呀！

【思路转换】

被别人拒绝了，说明你还有进步的空间。

第二节　失败有何罪

创业失败了，血本无归，都怪我盲目投资。

失业了，我感到万分惭愧，没脸见家人了。

考砸了，我没有把该学的知识掌握住，真是太笨了。

我被恋人抛弃了，真丢人。

经历了婚姻的失败，我不敢再踏进围城了。

……

遇到这些不如意的事，你会怎么想？你会不会有一种罪恶感，认为失败是一件耻辱的事？你会不会难以容忍失败，觉得自己本来应该成功？人人都渴望美满的结局，但是常常事与愿违。失败的影子时刻笼罩在我们的头上，它和成功是一对孪生兄弟。任何一件事都可能有两种结果——成功或者失败。任何人都没有理由要求自己凡事都取得成功，因为任何人都有可能犯错。即使你自己没有犯错，在与别人比较的时候你也会产生挫败感；或者如果你不能满足别人的需要而遭到拒绝和排斥，那么你也是失败的。比如，你因为一个小小的失误，没有被选为球队队员；在单位别人得到了升迁，你却原地不动；在家里妻子对你非常不满意，要求和你离婚……

杨柯的数学成绩非常好，在高中的时候一直名列前茅，而且曾在奥数比赛中得过一等奖。后来，他以优异的成绩考取了某名牌大学的数学专业。他自认为是一个数学天才，然而在大学第一学期的期末考试中，他失败了。打开试卷后，他发现第一道题就不会做。多年的考试经验告诉他，没关系，先做后面的，可是，后面的题目仍然答不好。

他越来越紧张，越来越心慌。以前每次考试都得心应手，这次是怎么了？他实在撑不下去了，生平第一次交出了没有做完的试卷。

他感到万分羞愧，认为自己要成为伟大的数学家的梦想开始幻灭了。

没有常胜不败的将军，有时候你非输不可。失败人人难逃，关键在于你如何看待失败。有些人无法接受失败的事实，他们认为失败是一件恐怖的事，他们花费很长时间在失败的阴影中挣扎。有些人失败之后一蹶不振，他们认定自己是一个彻底的失败者，他们觉得前途暗淡，对未来失去了信心。

很多人之所以接受不了失败，是因为失败的结局证明了他们不像自己想象的那么完美。比如前面故事中的杨柯，他认为自己是一个数学天才，再复杂的问题也难不住他，但是惨痛的失败让他认识到自己并不是什么天才，他不愿意接受这个事实。如果不接受事实就不会虚心地学习，那么他只能停留在原来的位置。相反，如果他冷静地接受事实，就会知道自己的不足，然后努力学习，提升自己。

很多人失败之后之所以一蹶不振，是因为他们愚蠢

■一次成功是以数百次的失败经验为基础的。

地把一时的失败当作永远的失败。比如，杨柯如果在失败之后彻底否定自己，放弃成为伟大数学家的梦想，那么他必然成不了伟大的数学家。如果他振作起来，比以前更加努力地学习，则有可能实现当初的梦想。

所谓"一朝被蛇咬，十年怕井绳"，遭遇失败之后，人们害怕再次失败。他们停留在原来的位置上，不敢迎接新的挑战，结果错过了获得成功的机会。比如婚姻问题，不少人经历了婚变之后害怕再次遭到失败，不敢进入下一场婚姻。

小雅是个不幸的女孩，很小的时候父母就离异了，她和妈妈一起生活。10岁的时候，她学骑自行车，结果摔断了一条胳膊。但是她看到别人骑自行车时，还是非常羡慕。妈妈决定教会她骑自行车。有一天傍晚，妈妈帮她在广场上练习骑自行车。小雅已经骑得很稳了，妈妈慢慢松开手。当发现妈妈不在身边的时候她慌了神，结果又一次摔倒了。

这次，小雅说什么也不练了。妈妈为了重新鼓起她的勇气费尽了口舌："你看别的孩子骑自行车难道不羡慕吗？你难道不想骑自行车去上学吗？你难道不想做一个勇敢的孩子，向失败挑战吗？"听着这些话，小雅很激动，她咬了咬嘴唇，坚定地说："想！"于是，她又开始练习，最后终于可以自己骑一段路了。

母女俩准备回家的时候，小雅突然对妈妈说："外婆说她给你介绍对象，可你总是拒绝。为什么呢？"

妈妈听后皱起眉头说："小孩子懂什么！你外婆只想让我更伤心。"

小雅说："妈妈，我觉得你也摔断了一条胳膊。"

妈妈愣住了，自己害怕再次受到伤害而不敢追求爱情，可不就像小雅害怕摔倒而不敢骑自行车一样吗？

失败并不是耻辱，发明家查尔斯·凯特宁说："失败是世界上极美的艺术之一。"失败可以让人变得更聪明。当然，让人变得聪明的不是失败本身，而是对待失败的正确态度。遭遇失败之后，不应在失败的阴影中挣扎，而应冷静地分析失败的原因，调整自己的步伐，争取下次不再失败。

允许自己失败，并不代表不追求成功。正确地对待失败恰恰是为了更快地取得成功。成功者都懂得宽容自己的失败，他们明白失败不是世界末日，而是上帝赐给自己的一次进步的机会。

【思路转换】

失败无罪，失败之后一蹶不振才有罪。

第三节　苦难是个好东西

地震、水灾、火灾、战争、瘟疫、车祸等天灾人祸会造成人命伤亡、财产损失，人们避之唯恐不及。经济衰退、市场萧条、裁员失业等危机会阻碍事业的发展，同样不受人们欢迎。失恋、婚变、众叛亲离等情感上的挫折会给人们带来很大的精神打击。疾病缠身、耳聋眼瞎、截瘫断臂、年老力衰等身体残缺带来的苦难，也会让人痛苦万分，甚至觉得生无可恋。和讨厌的人见面是苦，和喜欢的人分离是苦，想要的东西得不到是苦，留恋的东西已失去也是苦。有人说："人生就是忍受苦难的过程。"要想彻底摆脱人生的苦难，只有一死了之。然而，死，不是让人更加恐惧吗？

有的人畏惧苦难，遇到一些小灾小难，就被吓倒了。有的人抱怨苦难，认为命运对他们不公平，想不通为什么自己要忍受种种苦难。有的人不能忍受苦难，他们为了摆脱苦难不择手段，甚至放弃自己的尊严，违背做人的原则。这些人被苦难打败了，他们没有在苦难中找到出路。

苦难虽然会给人带来痛苦，但是也有许多好处，只是很少被人察觉。宝剑没有经过磨砺就不会有锋利的剑刃，梅花没有经过苦寒的洗礼就不会有清冽的香气。苦难可以祛除你身上的傲气和娇嗔，让你变得谦虚而坚强。苦难可以让你了解自己的内心世界，抛开对表面浮华的追逐，看到一些更本质、更可贵的东西。苦难可以激发你的潜能，这些潜能在顺境中只能处于休眠状态。很多成功者都是在经历了苦难之后，才做出了伟大的成就。

"盖西伯拘而演《周
易》；仲尼厄而作《春秋》；
屈原放逐，乃赋《离骚》；
左丘失明，厥有《国语》；
孙子膑脚，《兵法》修列；
不韦迁蜀，世传《吕览》；
韩非囚秦，《说难》、《孤

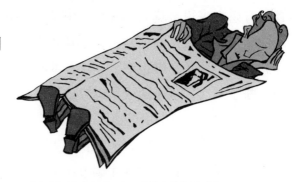
■经历了苦难之后，更容易做出伟大的成就。

愤》。《诗》三百篇，大抵贤圣发愤之所为作也。"

即使是伟大的人物，在面对苦难时也很难泰然处之。每一次的苦难都伴随着泪水，能否从苦难中吸取养料做出伟大的成就，取决于对待苦难的态度。如果你沉浸在悲苦之中，抱怨自己的命运不好，整天唉声叹气、愁眉苦脸，那么你只能从苦难中品尝到苦涩。如果你能换一个角度想想，就能发现苦难并不可怕。它可以磨炼你的意志，让你变得更加坚强；它可以唤醒你的上进心，让你奋发图强；它可以培养吃苦耐劳的精神，让你养成勤俭节约的习惯。认识到苦难的好处，你就能在困境中振作精神，拨云见日走出阴霾。

大家都知道贝多芬是著名的音乐家，但是把他打造成天才的却是他那苦难的童年。贝多芬的父亲虽然很早就发现了贝多芬的音乐天赋，但他却不是一个称职的父亲。他常常用暴力逼迫贝多芬练习小提琴，甚至把贝多芬和一把小提琴关在黑屋子里，一关就是一整天。贝多芬 16 岁的时候，母亲去世了，父亲每天借酒消愁，不管家事。这在贝多芬的心灵上留下了深深的伤痕。尽管如此，他并没有沉沦，而是把自己的精力全部奉献给了音乐事业。只有在他沉迷于音乐的时候，才能暂时忘记生活的苦难。

他凭借自己的天才和勤奋很快就成名了，但是正当他享受着音乐带给他的快乐的时候，不幸的事发生了——他的耳朵聋了。一个普通人尚且接受不了这样的残疾，何况一个音乐家。他感到孤独和无助，认为耳聋对音乐家来说是莫大的耻辱。但是苦难并没有把他打败，他用耳朵贴着钢琴来感受音乐的美妙。完全耳聋之后，他创作了著名的《第九交响曲》。这个曲子在维也纳第一次公演时，振奋人心的音乐被雷鸣般的掌声中断了两次。当乐队成员引导他面对如痴如狂的观众的时候，他又喜又羞。后来他在遗书中写道："如果不把我内心所有的东西都释放出来，我是不可能离开人世的。所以我忍受着这样悲惨的生活。"

贝壳经过砂粒的磨炼才孕育出美丽的珍珠，凤凰经过熊熊烈火的洗礼才能获得重生，生铁经过千锤百炼才能变成精钢。高尔基把苦难当作自己的大学，苦难确实让人受益匪浅。但是只有当你战胜苦难之后才有资格这么说。

英国首相丘吉尔曾把"热爱苦难"当作自己的信条，但是听了朋友约翰·艾顿的一席话之后，他修订了自己的观点。

有一次在聚会上，约翰·艾顿向丘吉尔讲述了自己的过去：他出生在一个偏远小镇，父母早逝，是姐姐帮人洗衣服、干家务，辛苦挣钱将他抚育成人。但姐姐出嫁后，姐夫将他撵到舅舅家。舅妈很刻薄，在他读书时，规定每天只能吃一顿饭，还得收拾马厩和剪草坪。刚开始工作时，他根本租不起房子，有一年多的时间是躲在郊外一处废旧的仓库里睡觉……

丘吉尔惊讶地问："以前怎么没听你说过这些呢？"艾顿笑道："有什么好说的呢？正在受苦或正在摆脱苦难的人是没有权利诉苦的。只有当你战胜苦难并远离苦难的时候，苦难才是你值得骄傲的一笔人生财富。"

苦难的意义不在于苦难的经历，而在于承受苦难的勇气和战胜苦难的决心。苦难的哲学不是教人们心甘情愿地听凭命运的摆布，而是让人们在苦难中历练，在苦难中成长。经历的痛苦多了，就有免疫力了，再遇到挫折就能承受了。

【思路转换】

苦难是一条船，可以带你到达成功的彼岸。

第十一章

我是快乐的，我是幸福的

第一节　麻烦事多，快乐也多

孩子生病；夫妻吵架；电视坏了需要修理……

真够麻烦的。

家里的事还没处理完，工作中又出现了不顺心的事：

好不容易写成的方案没有通过审批，还得修改；弄错了一个数据，被老板批了一顿；客户提出刁钻的要求，弄得我晕头转向……

麻烦事简直没完没了。你越是想清静一会儿，麻烦事越是纷至沓来。

谁都会遇到麻烦事，有些人因为麻烦太多而感到烦躁不安，整日愁眉苦脸。他们不去想怎么把麻烦事处理掉，而是对着麻烦事唉声叹气，怨天尤人。结果麻烦事越积越多，越多越理不清头绪，于是更加烦恼。

生活中的麻烦事天天有，是被它折磨得发疯，还是把它解决掉，取决于你的心态。你可以选择无可奈何，也可以选择心平气和。既然知道躲不掉，不如选择平静地面对，尽快地解决掉。麻烦事确实让人感到头疼，但是问题解决之后，你就能感受到无比的轻松和快乐。面对麻烦时，不要总是抱怨太麻烦了，而应该想办法解决问题。

孩子的病治好了；夫妻俩和好了；电视机修好了……

方案改好了，而且受到了上司的好评；

数据改过来了，挽回了一些损失；

总算让客户满意了，而且赢得了一笔巨额订单……

看看麻烦解决之后的成果，对比一下麻烦出现时的状况，你心里是不是已经乐开了花？麻烦和快乐是一对孪生兄弟，麻烦过去了，快乐就来了；麻烦越多，快乐就越多。没有种种麻烦的对照，你也就无法体会到快乐的真正含义。

解决麻烦是一个学习的过程，将问题解决掉之后，你总会有所发现，或者有所领悟。一件事，你之所以认为它麻烦，是因为你对它不熟悉，处理起来感到很棘手。同样是这件事，当你第二次、第三次遇到它的时候，就能够泰然处之，不再感到麻烦了。因为你已经掌握了解决麻烦的办法。我们就是在不断战胜麻烦的过程中长大的。

麻烦就是机会。别人给添麻烦，一般人都会觉得很讨厌，自己的事都忙不过来，哪有时间和精力去管别人的事。但是，成功人士不这么看，他们认为每一个麻烦后面都潜藏着一个机会。

位于《财富》五百强榜首的沃尔玛零售集团的 CEO 萨姆·沃尔顿就是这样的人。20 世纪 80 年代，一位巴西商人给很多美国零售公司的老板写信，希望来美国考察，并向他们请教如何经营零售业。很多老板都不屑一顾，只有萨姆·沃尔顿热情地接待了这位巴西商人。后来，沃尔顿才告诉他，请他来是为了了解一些南美零售业的发展情况。没多久，沃尔顿就到圣保罗回访，获得了一些更详细的商业信息。

■一分麻烦一分快乐。

在工作中遇到了麻烦事，你是积极地处理，还是像一些人一样退避三舍？要知道，老板都喜欢积极主动解决问题的员工，而不喜欢逃避问题的员工。遇到麻烦事正是你学习东西、挑战自己的时候，将麻烦处理掉之后，老板就会对你刮目相看。

很多时候，事情并不像你计划得那么如意，总是有各种不可控的因素跟你捣乱。这时，你同样可以利用麻烦为自己服务。

富亚公司生产的涂料质量不错，但是没有知名度，销路不好。总经理蒋和平想提高富亚的知名度。富亚涂料的最大优点就是环保、无毒。为了一鸣惊人，他采用了一个歪点子——通过让动物喝涂料来证明涂料的安全性，并在报纸上大造声势。2000 年 10 月 10 日，活动如期举行，但是并不像蒋和平预料得那么顺利。现场的人群中除了广告读者、过路人群，还有动物保护协会的成员和闻风而动的记者。

动物保护协会的成员认为这是虐待动物，要求取消活动。他们愤怒地冲上主席台，严词质问蒋和平："你们搞环保产品，本意是好的。但是这样残害动物，又何谈环保？"好事者说："谁说涂料无毒谁来喝！"事情发展到骑虎难下的地步。蒋和平说："今天来了这么多人，如果我不喝也没法向大家交代。"说罢，舀了一杯涂料，仰头喝了半杯。在场的人一时惊呆了，随后响起了一片喝彩声。

对这件事，有人赞叹，有人说风凉话，但是富亚涂料却在媒体上轰轰烈烈地做了一次免费的广告，把人喝涂料事件的新闻效应发挥到极致，大大提高了富亚涂料的知名度。

其实，如果你总是感到麻烦，一定是你自找的。凡事都有好与坏两个方面，如果你只看到事情糟糕的一面，那么你永远也摆脱不了麻烦的困扰。世上本无事，庸人自扰之。

一个年轻人无法摆脱麻烦事的纠缠，他决定去寻找摆脱烦恼的秘诀。有一天，他看到一个牧童，觉得牧童很快乐，就向他请教摆脱烦恼的办法。牧童告诉他："骑在牛背上吹笛子就不烦恼了。"年轻人试了试，觉得没用。后来，他看到一个老人在河边钓鱼，觉得老人一定没有麻烦事，于是向他请教快乐的秘诀。老人说："和我一起垂钓吧，保证你快乐。"年轻人试了试，还是觉得不灵。不久，他在一个山洞里看到一个老人在打坐，心想这是个高人，于是向他说明了来意。老人笑道："这么说，你是来寻求解脱的？"年轻人说："对对对，请前辈赐教！"老人问他："有人捆着你吗？""没有。"年轻人回答。"既然没有，又何谈解脱呢？"老人反问道。

很多时候是我们作茧自缚，事情并不像我们想象得那么麻烦。你越是觉得麻烦，就越无法摆脱。用平常心对待麻烦吧，实在解决不了也不用发愁，时间会帮你解决的，所有的事都会过去的。何况麻烦事又不是洪水猛兽，它会给你带来快乐以及学习和锻炼的机会。

【思路转换】

解决麻烦的过程最快乐。

第二节　天将降大任于斯人也

大学毕业后选择考研，结果没考上。只好去找工作，可是又没找到。选择创业吧，没想到创业也失败了。遭受了一连串的打击，想找个人诉诉苦，结果又失恋了……

人们常说："倒霉的时候，喝口凉水都塞牙。"总之，万事不如意，干什么都不顺利。倒霉的时候，很多人会意志消沉、心灰意冷，对什么都不抱希望了。他们停止思考，停止行动，把自己关在家里，害怕出门不小心被车撞着。结果，自然什么都干不成。

谁都不想倒霉，谁都想走运。然而老天爷是公平的，没有人会一直倒霉，也没有人会一辈子走运。如果因为一时运气不好而丧失了行动的勇气，那么好运也就无法光顾你了。

最近很倒霉吗？把这当作老天对你的考验吧。只有经得住霉运考验的人，才有机会享受好运气。也许成功就在下一次，只要你再努力一点点，成功的大门就会为你你打开。如果你浅尝辄止，一旦事情进展得不顺利，就宣告放弃，那么只能与成功擦肩而过。

张明是北大天正科技发展有限公司的总经理，他大学没毕业就创办了公司。他发明的三维扫描仪获得了"挑战杯"科技成果一等奖，后来与朋友合作的"大规模视频点播技术"获得国家重点高新技术成果奖，为他带来了滚滚财源。

张明的朋友都说他很幸运，但是张明说："我是倒霉倒够了才成功的。只不过大家只看到了我成功的一面。"他以前也尝试过办公司，但是由于缺乏资金，没有成功。有一次，为了推销系统，他坐了 3 天的火车硬座。口袋里没有钱，他一路上吃饭住宿都要靠别人施舍。

倒霉是正常的，没有谁能够随随便便成功。如果成功是容易的事，那么全天下的人就都可以成功了。倒霉的经历可以让你积累更多的为人处世的经验，让你变得更加成熟，更加稳重。再遇到机会的时候，你就能抓住机会走向成功。

老李是个十足的倒霉鬼。改革开放之初他就办起了塑料加工厂，主要业务是为一家药厂生产瓶盖。结果没多久，就出现了一个竞争对手和他抢生意。竞争对手是那家药厂厂长的亲戚，他的大部分生意都被竞争对手抢走了。塑料加工厂经营不下去，只好关门大吉，而且还欠了一笔债款。

后来，他又办起了养蜂场，想以此翻身还债。他有养蜂的经验，心想这次一定能成功。结果，在一次转移蜂场的时候，出了车祸，所有的蜜蜂都被砸死了，幸亏捡回了一条人命。老李休息了一段时间之后，又开始琢磨新的投资项目。他想到了养鱼，于是在一个临近海堤的河道上拦了网箱，养起了鱼。可是等到他的鱼稍微长大了一些，刚刚开始卖的时候，却偏偏遇到了百年不遇的特大台风。结果，他的鱼一夜之间全跑光了。

经过这几次失败之后，老李安分守己地做了几年车间主任，他似乎没有雄心壮志了，似乎就这么认命了。但是，投资失败使他背负了一身的债务，再加上女儿要考大学了，到时候如果没钱交学费，岂不是要毁了女儿的前程？他并没有被霉运吓倒，跑到北京做了一家酒厂的代理商。

经过一番奔波之后，他很快就占领了北京的各大市场，并覆盖了周边的城市，这次他成功了。老李说："我这个倒霉鬼时来运转了！一个人，只要心不死，就一定还有机会。"

由于外界因素造成的倒霉不算什么，一个人，如果心灰意冷了，那才是真正的倒霉。有些人经受挫折之后，认为自己的命不好，无论怎样努力也不会成功，于是不再努力，结果丧失了成功的机会。其实只要你心不死，在霉运面前仍然不懈地努力奋斗，好运总会降临在你的头上。

有一位先生很倒霉。考大学那年正好赶上国家试行收费制，四年大学下来，他比那些早考上一年的人多交了 8000 元的学费。大学毕业后，又正好赶上国家不再给大学生分配工作，实行双向选择。他好不容易找到了一份不错的工作，干了不到一年又赶上机关裁员，他失业了。

尽管时运不济，但是他并没有怨天尤人，而是活得更加起劲。他审时度势寻找机会，来到海滨的一个农场，利用自己的专业知识，种起了荷兰郁金香。这种花很受欢迎，在几个大城市供不应求。他成功了，第一年的纯收入就有 7 万多元。他说："只要你自强不息，霉运也奈何不了你。"

悲观的人总是觉得自己比别人倒霉，认为老天爷不公平。乐观的人面对同样倒霉的事，却不会抱怨，而会庆幸，因为一切不幸前面都可以加上一个"更"字。比如，不小心摔断了一条腿，够倒霉的吧？但是，想想看，你本来有可能摔断两条腿的，是不是应该为你剩下的那条腿庆贺一下？

承受挫败和不幸的能力是成功者必须具备的素质。如果遇到一点小挫折，就丧失了勇气和信心，这样的人很难成功。只有那些经受得住霉运考验的人，才能最终走向成功。

■天将降大任于斯人。

孟子说："天将降大任于斯人也，必先苦其心志，劳其筋骨，饿其体肤，空乏其身，行拂乱其所为……"同样是这个道理，如果你经受得住考验，就能"曾益其所不能"，然后峰回路转走好运；相反，如果你经受不住考验，那你就真倒霉了。

【思路转换】

倒霉倒够了，就该成功了。

第三节　幸福不是别人给的

你想不想过衣来伸手、饭来张口的日子？

你是不是不喜欢独自一人面对生活、工作中的困难？

你是不是希望别人帮你把一切都安排好，什么都不用自己操心？

做事情的时候，你会不会感到孤立无援，总希望有人来帮你一把？

……

"在家靠父母，出门靠朋友。"不管做什么事，我们都希望有人帮忙。在家里洗衣做饭，有父母帮你打理；在外边遇到困难，有朋友帮你克服。有了别人的帮助，自己就不用太操心了，日子确实可以过得舒服一些。但是一旦到了一个陌生的环境，比如找了一份新的工作或者独自一人到国外留学，你身边没有家人，也没有朋友，在新的环境里，你需要自己解决很多事情，面对很多困难。没有人帮助你，你必须自己做。过惯了舒服的日子的你，这时可能会很委屈，希望有人来帮你一把。

其实，很小的时候，老师就告诉我们"自己的事情要自己做"。自己的事情理所当然应该由自己做，我们从什么时候变得习惯于仰仗别人的帮助了呢？美国前总统林肯有一句名言："成功与其靠外来的帮助，还不如靠自力更生。"关于林肯，还有这样一个小故事。

林肯经常自己擦皮鞋。有一次，他擦皮鞋的时候，被一位外国的外交官看到了。外交官感到很惊讶，不怀好意地问道："总统先生，您经常擦自己的鞋子吗？"言外之意是，身为总统不应该自己做这种事。林肯知道对方想让他难堪，但是他反应迅速，很快就不动声色地回答道："是啊，那么您经常擦谁的鞋子呢？"

■幸福全靠自己把握。

想想看，如果你生活中的一切，别人都为你安排好了，衣食住行，甚至找对象、找工作都不用你自己费心费力，你认为这样的生活会给你带来快乐吗？你的生活完全在别人的掌控之下，你没有一点自主的权利，像一个木偶一样受别人摆布，像一个寄生虫一样依附于别人，这样的生活你真的会快乐吗？

幸福是自己挣来的，不是别人给的。只有付出劳动的汗水之后，才能体会到丰收的喜悦。

人们常说，自己做的饭最香，自己挣的钱最踏实。回想一下，你吃自己做的第一道菜的时候，是不是吃得津津有味呢（尽管炒煳了或者盐放多了）？当你拿到自己的第一份工资的时候，是不是高兴得合不拢嘴呢（尽管少得可怜）？因为你从中体验到了成就感，经过自己的努力获得的东西才能带给你幸福。

由于大学毕业生太多，就业机会相对较少，社会上出现了一批"啃老族"。"啃老族"指那些一时找不到工作，赖在家里靠父母养活的毕业生。他们受到媒体的谴责，受到别人的嘲笑，即使家人对他们表示宽容，他们自己也不能心安理得。

有的人抱怨人生来就不平等，他们觉得生在富贵家庭的人凡事不用自己操心，很幸福。生在富贵家庭的人，从小就锦衣玉食，长大之后不用自己拼搏奋斗，花点钱就能得个美差，或者干脆继承祖辈父辈留下来的殷实的产业。生在贫苦家庭的人，很小就要给家里人洗衣做饭，长大之后还得自谋出路。没有后盾，没有门路，只能靠自己单枪匹马地去闯荡。

对家人的依赖似乎无可厚非，但是别人的成就并不能保证你一生幸福，即使他是你的父亲。

父母的地位、富裕的家境不能保证你的后半生衣食无忧；朋友的仗义相助，更不能保证你以后每次遇到困难都能逢凶化吉。父母、朋友在身边的时候，你习惯了对他们说："我遇到困难了，帮我一把。"但是，他们不在身边时你怎么办，或者他们在忙别的事，没有办法帮你时你怎么办？父母、朋友都会离你而去，你真正可以依赖的只有你自己。这就像鱼和渔的关系。自己不会捕鱼，只好向别人要，别人给你一条，吃完就没了。如果别人不给你，你就没的吃了。如果你学会了捕鱼呢？不但可以想吃多少就吃多少，还能享受送人的乐趣。

当你在生活或工作中遇到困难的时候，不要总想着向别人求救。别人可以帮你一次两次，但是不能帮你一辈子。你可以试着自己动手解决，也许你会花很长时间，也许你会累得筋疲力尽，但是当你自己把问题解决掉之后，你就能体验到成长的快乐和胜利的喜悦。此外，付出汗水之后，你就能切身体验到劳动成果来之不易，就会好好珍惜自己的胜利果实。

【思路转换】

自力更生，丰衣足食。

第四节 落入了人生的低谷

毕业后找不到工作，女朋友也离我而去，父母不停地唠叨我不长进。

公司裁员，我失业了，找不到工作。

创业失败了，赔得倾家荡产。

妻子不幸去世了，让我一个人怎么过。

……

不少人经受不了命运的打击，他们在遭受失业、破产或者婚变之后郁郁寡欢，一蹶不振，甚至选择一死了之，认为死是唯一的解脱之路。这是多么不明智的选择啊！既然已经失去了一切，你还有什么好害怕的呢？在人生的低谷，向任何方向走都是上升，你还有什么理由不活下去呢？

既然你认为你的情况坏得不能再坏了，那么只有逐渐转好了，所谓"否极泰来"就是这个道理。事情不会一直坏下去的，坏到一定程度必然转好。

美国作家霍墨·克罗伊本来过的是志得意满的生活。他把小说《水塔西侧》的电影版权以高价卖给了电影公司，过了两年富翁般的生活。他忽然觉得自己可以做一个成功的生意人。当时很多人投资房地产，赚了大钱。霍墨觉得有利可图，于是也加入进去。他以自己的房子做抵押，借钱买了一块地，然后等着地价上涨之后出售。

但是，他并不像自己想象的那样有商业头脑。那块地皮迟迟不涨价，他必须每月为地皮上缴220美元的税，还要支付抵押贷款，此外，当然还要维持全家温饱。他开始写一些幽默小品，但是因为他心情郁闷，写得一点都不好笑，卖不出去。很快，钱用完了。这次投资他不但没赚到钱，还赔上了半生的积蓄。银行扣押了他的房子，他和家人只能流落街头。

后来，他总算从朋友那里借了点钱，租了个小公寓。他告诉自己："我已经衰到底了，情况不可能再坏了，以后会越来越好的。"他不再为过去难过，而是把时间和精力用在写作上，状况果然慢慢改善了。

处在人生低谷的人欲望小，因此很容易满足。对于身无分文的人来说，吃一顿饱饭也是值得庆贺的事；对于家徒四壁的人来说，一屋月色也能给他带来温暖。

一位禅师晚上路过一户人家，听到家里一个男子在失声痛哭。禅师敲了敲门，里面没有反应。他心知不妙，灵机一动，大声对里面的人说："请施主开门，老衲借点东西，急着用啊！"

哭泣的男子终于回话了，他非常哀伤非常气馁地说："我已是家破人亡，什么都没有了，你到别处借去吧。"禅师说："你有，我分明看到了，你就借我一用吧。我急着用啊，不然没法赶路。"那男子不耐烦地打开屋门，对禅师说："你进来看看吧，我现在家徒四壁，一贫如洗。我父母相继病故之后，我妻子又患病归西，我已经走投无路了，正想随我父母、妻子而去呢，你可真会找人家借东西！"禅师说："我当然会找人家啦。我不会看错人的，你就要否极泰来、重振家业了！"他说着伸手打开主人家紧闭的窗户，一帘银白色的月光透过窗口照进屋来。禅师走到屋内的月光下，和颜悦色地对那个男子说："你看这儿不是有一窗的月色吗？我就借你这月色。我还得赶路，你好自为之吧。"那男子有所领悟，马上作揖行礼道："谢谢活佛开示。"禅师终于放心地走了，飘然消失在无边的月色里。

几年之后，那个曾经遭受不幸的男子经过一番刻苦努力，真的重振家业。

处在人生低谷的人，机会很多，有很多种选择，只要是可以挣到钱的正当行业，就可以试一试。既然已经走投无路了，他们就不会挑三拣四，而且只要知道工作，他们就会尽自己最大的努力把工作做好，因此很容易做出成绩。

有一个人去应聘微软公司的清洁工，经过面试和试用之后，人事部的人对他说："把你的邮箱留下，回去等通知吧。"这个人说："我没有计算机，也没有邮箱。"人事部的人说："对不起，没有计算机的人不能做微软的员工。"这个人感到很难过，因为家里已经揭不开锅了，他真的非常需要一份工作。但是，没办法，他只好回家。

在回家的路上，他看到一家便利店在搞活动。走进去一看，他发现土豆很便宜，顿时有了主意。他用身上仅有的 10 美元买了土豆，然后挨家挨户转手卖出。两个钟头之后，他的土豆全部卖出了，获利 100%。他从中尝到了甜头，发现这样可以养活自己。于是，他认真地做起这种生意来。他的生意越做越大，5 年之后，他建立了一家"挨家挨户"新鲜蔬菜公司，提供给人们在门口就可以买到新鲜蔬菜的服务。后来，他买了车，增加了人手，俨然一个大老板。

处在人生低谷的人，没有后顾之忧，不怕有什么损失。他们敢于冒险，而危险中往往孕育着成功的机会。

【思路转换】

否极泰来终可待。

第五节　快乐是在给予中产生的

朋友又向我借钱，真烦。

我自己的事都做不完，他还找我帮忙。

新来的同事什么都不懂，我得手把手教他，真讨厌。

我可不想被别人利用，别人求我办事，我总是一口拒绝。

......

当别人遇到困难，需要帮助的时候，你会热情地伸出援助之手吗？当你帮助别人的时候，你是心甘情愿，还是碍于情面？你是满心欢喜，还是觉得自己受了委屈？帮助别人会浪费自己的时间和精力，帮别人解决了问题是应该的，如果解决不了，还显得自己没本事。诚心诚意帮助别人的人好像真的是傻瓜。

人们总觉得帮助别人对自己没什么好处，有人甚至觉得帮助别人自己会吃亏，别人得到了自己就一定会失去。比如，帮别人提东西，他们觉得会耗费自己的体力，耽误自己的时间。却忘了他们同时还收获了别人的感激和赞美。

一项社会调查显示，最能给人带来满足感的工作是与照顾和帮助别人有关的工作。比如，牧师、护士、消防队员等等。从事这些职业的人时刻准备着向别人伸出援手，并为此感到很快乐。因为他们有积极的社会价值观，身心健康，而且经常得到社会、他人和受助者的赞美和奖励。此外，当被帮助的人在痛苦消除或者问题解决之后变得快乐起来的时候，他们也会因受到这种情绪的感染而变得快乐起来。

"我叫丛飞，来自深圳，义工编码2478……能对社会有所奉献，能对他人有所帮助，我感到很快乐。"

好人丛飞的故事感动过很多人。他是一个小有名气的歌手，自从1996年加入深圳市义务工作者联合会之后，就成了2478号义工。他总是马不停蹄地参加为捐资助学或残疾人募捐而举办的各类义演。10年来，他倾其所有，累计捐款捐物达300多万元，资助失学儿童和残疾人超过150人，而他自己却一直过着清贫的生活。

2005年，他被确诊为胃癌，但是他并没有因此而停止对别人的帮助，仍然坚持演出。2006年4月20日，37岁的好人丛飞在深圳市人民医院病逝。丛飞在留给家人的最后嘱托中表示："我死后，将眼角膜等有用的器官无偿捐献给有需要的人，就算我为社会所做的最后一次奉献。"

别人请你帮忙是看得起你，信得过你，认为你是强者，可以帮他们解决问题。在帮助别人的过程中，你能够感受到别人对你的敬重和依赖，这恰恰证明了你存在的价值：有人需要你，说明你的存在对他们来说很重要。

帮助别人就是帮助自己。当然了，帮助别人的时候，不应该指望着别人对你有什么回报。但是如果你诚心诚意地帮助别人，当你遇到困难的时候，别人自然也会向你伸出援助之手。

一对夫妇不幸下岗了，在亲戚朋友和街坊邻居的帮助下，他们在小城的服装市场里开起了一家火锅店。开始时，全靠熟人的照顾才得以维持。但是，很快他

■付出的爱心越多，收获的快乐越多。

们以热诚的服务、公道的价格赢得了一批回头客，火锅店的生意日渐好起来。

城里的乞丐看到这里生意红火，每到吃饭的时间就来火锅店行乞。夫妻俩总是以宽容平和的态度对待那些乞丐，每次都给他们盛上新鲜的饭菜，而不是顾客吃剩的饭菜。这样过了很长一段时间。

一天夜里，服装市场突然燃起了大火，火势很快向火锅店扑来。恰巧这天丈夫不在，只有女主人一人在家里。眼看苦心经营的火锅店要被大火烧毁了，女主人吓呆了。这时，几个天天上门的乞丐突然出现，他们冒着生命危险将一个个液化气罐搬到安全的地带，然后帮着救火。消防队很快就来了，由于抢救及时，火锅店只受了一点儿小小的损失，而周围的店铺却因为没有及时抢救，损失惨重。

助人为快乐之本，在帮助别人的过程中你才能感受到真正的快乐。首先，帮助别人的时候，你实现了自己的价值，心里会非常充实；其次，帮助别人的时候，你可以在与受助者的对比中感受到优越感，树立起自尊和自信；再次，帮助别人可以使你获得或巩固友谊。这些都可以给你带来快乐。

快乐是在给予中产生的，付出的爱心越多，收获的快乐也就越多。乐于付出的人是慷慨而富有的，相反，喜欢索取、总是计较得失的人是贪婪而贫穷的。

【思路转换】

助人为快乐之本。

扫码获取更多资源

人不能改变环境 但可以改变思路

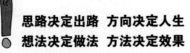

思路决定出路　方向决定人生
想法决定做法　方法决定效果